猴 面 包 树

Ten

Kirren Schnack

Beat Anxiety and Change Your Life

Times

10倍的平静

Calmer

[英] 奇伦·施纳克 著　　龙东丽 译

中央编译出版社

借助奇伦医生暖心、实用和专业的建议来管理焦虑,你将摆脱煎熬,焕发活力。

——威克斯·金

《星期日泰晤士报》(*Sunday Times*)专栏作家,畅销书《离爱更近》(*Closer to Love*)、《没有好条件,也能梦想成真》(*Good Vibes, Good Life*) 作者

多年来,为了疗愈我的精神疾患,我四处求诊心理治疗师和心理学家。要是早点接触到施纳克医生的作品就好了。现在,我们都可以从《10倍的平静》(*Ten Times Calmer*) 这本书中汲取她的智慧和经验。只要遵从这些实用建议和简易策略,也许你就不必像我一样走那么多弯路了。

——瑞秋·凯利

畅销书作家、心理健康倡导者、慈善组织"精神健全"(SANE)和"重新审视精神疾病"(Rethink Mental Illness)大使

这是一本有启发意义、滋养人心的实用指南,能够切实改变你的生活状态。奇伦医生用温暖的文字阐述心理健康知识,温柔地引导我们的行动。在这样一个充满压力和不确定性的时代,这本书将成为所有读者的宝物。

——克莱尔·伯恩

骨盆健康理疗师、《强壮的底盘》(*Strong Foundations*) 作者

谨以此书

献给
所有曾经深受焦虑困扰的人。
你们的勇气深深鼓舞了我,
让我永不言弃。

免责声明

本书旨在提供普适性的建议，不针对任何特定的个人情况，因此本书无法替代专业建议。本书提供的内容来自调查实证和我在写作期间积累的临床经验。

每个人的焦虑经历都是独特的，对于本书信息的运用能力也有所区别，因此最终产生的效果和带来的变化完全因人而异。由于我不了解每位读者的个人情况，因此我本人和出版社都无法对本书提供的内容可能产生的后果承担责任。如果要针对你的具体情况对症下药，那么建议你咨询医生，找到适合你的治疗方法。

如果你出现了躯体化症状，千万不要自行诊断，而应寻求医生的专业鉴定和指导，包括评估症状是不是由焦虑引起的。

此外，请遵循医生对进一步咨询的时间安排，这样才能及时应对你出现的任何症状。请注意，若是依赖酒精或药物来缓解焦虑，可能会导致成瘾或其他问题。因此，如果你有这方面的顾虑，请咨询医生。

本书穿插了各种各样的病例，兼具可读性和相关性。尽管书中对这些病例的描述可能受到我个人临床经验的影响，但它们并不代表具体的个人情况，而是对我的关键概念和观点的综合性叙述。

目录

引言 /014

你将学到什么

确保身体健康 /030

睡眠/饮食/体育活动/有趣的活动/人际交往

第一章

认识你的焦虑 /040

为什么你需要认识焦虑/我所说的焦虑是什么意思/你的大脑与焦虑/焦虑会对你的身体和心理产生什么影响/了解焦虑诱因/为什么是我/焦虑持续不断的原因/理解焦虑的10个要点/嚼口香糖

第二章

如何以不同的方式对待焦虑 /092

什么是灵活思维/什么是接纳/接纳焦虑的关键原则/陷入困境该做些什么/应对焦虑的10个要点/品味薰衣草香

第三章

如何让紧张的神经系统平静下来 /124

肾上腺素/皮质醇/滚雪球效应/降低压力激素水平/安抚神经系统的10个要点/冰块的好处

第四章

如何处理焦虑思维 /154

第一部分 理解焦虑思维/第二部分 评估焦虑思维/第三部分 转化焦虑思维/应对焦虑思维的10个要点/听听舒缓的音乐吧

第五章

如何停止对焦虑的过度关注 /244

焦虑如何影响注意力/焦虑如何影响你的注意力/如何拓宽关注范围/应对过度关注焦虑的10个要点/释放自己的声音吧!

第六章

如何管理强烈的情绪 /276

情绪调节/焦虑如何阻碍情绪调节/理解自身的情绪体验/如何管理情绪困扰/管理强烈情绪的10个要点/重复性活动

第七章

如何应对不确定性 /316

了解不确定性/不确定性引发的问题/了解你的不确定性经历/培养应对不确定性的适应力/拓展你的不确定性管理工具包/处理不确定性的10个要点/冷静地倒数！

第八章

如何面对自身的恐惧 /366

什么是回避/什么是安全行为/面对恐惧/障碍与解决方法/面对恐惧的10个要点/刺激你的感官

第九章

如何应对创伤与焦虑 /414

创伤与PTSD/创伤与焦虑的关系/平复受创伤的神经系统/寻求帮助进一步缓解创伤/管理与创伤相关的焦虑的10个要点/尽情跳舞吧

第十章

我如何继续前行 /460

保持练习/创建一个迷你工具包/克服挫折/未雨绸缪/生活方式建议/记录你的进步/展望未来的自己/前进的10个要点

寻求合适的专业帮助 /492

受监管的专业人员/EMDR从业者/如何找到合适的专业人士

焦虑的常见症状和感觉 /498

焦虑问题的类型 /506

愉悦身心的100个活动创意 /514

参考书目 /522

支持性组织 /528

致谢 /532

引言

回望职业生涯，我有幸见证过的诸多幸事之中，最美好的一项就是：人们有能力战胜焦虑，并改变他们的生活。他们只需找到其中的诀窍，就可以做到这一点。而这正是我与你一起通过《10倍的平静》这本书要实现的目标。也许在生活的大部分时间里，或者最近才刚开始，你都在与焦虑作斗争；也许你尝试过各种应急措施或治疗方法，但这些都无法真正让你摆脱困境。你需要的解救之道就蕴藏在这本书中，我将引导你走上克服焦虑的坦途。我希望你能想象此刻正坐在我的诊所里，我在与你分享简单、清晰和详细的策略，帮助你战胜焦虑，改变人生。

尽管每个人的焦虑体验都不一样，但临床研究发现，某些焦虑问题存在共同特征。正由于有共同特征，因此不同的焦虑管理和治疗方式也可能有所交叉，《10倍的平静》将引导你探索关于焦虑管理和治疗方式的10个基本组成部分，助你克服焦虑。无论是普遍性的焦虑、健康焦虑、惊恐症还是社交焦虑，这本书中提到的策略都将教会你如何以最恰当的方式应对你的焦虑，疗愈自己。这些都是我从临床实践中提炼出的最佳策略，并得到科学理论的支持。我治疗患者的广泛经验都经过临床实践检验，只要你能坚持使用这些策略，遵循我设计的10阶段计划，就一定会克服焦虑，彻底改变自己的状态。

也许你会好奇我对于"焦虑"这一主题的专业性和权威性，可能在想为什么应该听从我的建议，所以请允许我向你简单介绍一下我自己，并解释我为什么有资格向你提供这些建议。我是一名临床心理学家，毕业于牛津大学。自取得从业资格以来，我一直在南部的牛津生活和工作，不过我骨子里仍然是个北方人。我在临床实践中既治疗成人，也治疗儿童。我在作为一名心理学家的20年职业生涯中，治疗过成千上万名患有焦虑障碍及其他精神疾病的患者。

除了临床工作外，我还会在社交媒体平台上给大量网友分享实用的建议。在疫情期间，我开始接触社交媒体，那些与焦虑症抗争的人的反应太出乎我的意料了。关注我的粉丝与我发布的视频产生了深深的连接，并表示终于有人可以理解他们；经常有评论说，他们从未遇到过谁能以如此打动人心的方式来讨论焦虑这个话题。

通过社交媒体，我印证了我一直以来观察到的一个现象：很多人根本无法获得他们所需要的心理健康关怀。

焦虑可能会受不同生命阶段的影响，尽管每个人的焦虑体验都是独特的，但不是每个人都会在这些阶段感到焦虑。关键在于，我们要认识到，在人生的转折期，人产生焦虑情绪是正常的，但如果焦虑的程度逐渐失控，或妨碍了正常生活，那它可能已经演变成一个更严重的问题。以下是一些通常会引发焦虑的生命阶段和事件：

- **青春期：** 青春期期间的激素分泌和生理变化，以及迈向成人世界的挑战。

- **大学：** 学业压力、社交适应和背负更多责任。

- **职业生涯初期：** 求职面试、绩效期望、职业不确定性和工作场合的冲突。

- **关系变化：** 恋爱关系的开始和结束，发生冲突、离婚或分居。

- **亲子关系：** 初为人父/母，或适应抚养子女的需求和不确定性。

- **空巢老人综合征：** 当子女离家后，父母可能会感到失落或不知所措。

● **绝经期：**这个阶段，女性的激素变化可能会影响情绪，部分女性的焦虑风险会增加。

● **老龄化和退休：**老龄化过程、健康问题，以及退休过渡阶段可能引发与身份、健康和财务稳定性相关的焦虑。

● **重大生活变化：**搬迁、职业变动、丧亲、经济困难或经受创伤也可能引发焦虑问题。

在我写这本书期间，焦虑已经影响了全球约2.84亿人，而这仅限于我们获悉的病例数量。不幸的是，这个数字预计还会持续增加。放眼世界任何一个地方，依然有大量患者治疗焦虑的需求没有得到满足，这实在令人忧心。85%的焦虑症患者从未获得过任何帮助，这一数据令人触目惊心。人们无法获得有效的救助，是因为公共服务机构不堪重负，患者通常需要等待很长时间。哪怕终于排到了自己，他们往往也无法获得他们真正所需的帮助。我真心感激到目前为止我做到的一切。作为一个经历过逆境的人，我十分清楚生活中最艰巨的障碍是多么难以跨越。我也意识到，大多数人都无法获得独立的诊治。

所有这些经历一次又一次地向我发出警告：我们迫切需要增加以诊所为单位的治疗场所，并为患者制定自救的治疗方案。自救即由患者自行调节焦虑，自我调节的技巧能够显著地减轻压力，培养快速恢复的能力，这是战胜焦虑的一种理想方法。几十年来，人们通过阅读的方式呵护心理健康，"阅读疗法"也一直是管理许多精神健康问题的治疗工具，颇有影响力。如果能凭借此书为"阅读疗法"添砖加瓦，并为每一个正在阅读本书的人带来福祉，我将不胜欣喜。

就像在诊所里治疗我的患者一样，我们共同的目标是摆脱问题性焦虑。你来到这里的目的是从焦虑的状态中解脱出来，我很庆幸我能够用我的专业知识来引导你完成这个过程：我将为你制定策略，帮助你解决问题。在你的情况好转的过程中，你可能会遇到挫折。一旦遇到挫折，请记住：有时候感到绝望是正常的，在好转的过程中遇到挫折也很正常。所以，不要让挫折成为放弃的理由。许多长期焦虑患者已经完全康复的关键在于，保持善意及同情之心，对自己保持开放包容的态度。即使你感到害怕、脆弱或迷茫，也要承认你内心的勇气。

你的勇气体现在你面对挑战的方式上，即使焦虑让你在精神上和身体上都感到筋疲力尽，你也要尽力而为，坚持下去，不要轻言放弃。通过阅读这本书，你将展现出你的谋略、勇气、自救的意愿，以及对于康复的自信，这样的你实在令人钦佩。

也许你能理解这种感觉：你觉得自己已经苦苦挣扎了很长时间，怀疑是否真的会有所好转。我曾经遇到过各行各业的人，在为他们提供治疗时，我发现每个人的痛苦都不尽相同。当他们来见我时，有的人已经苦苦煎熬了几周，有的人已经几个月，还有的人甚至持续了数十年。我想与你分享一个故事，希望能为你带来希望，激励你鼓起勇气直面问题。某年的9月，一位82岁的焦虑症患者找到我，他曾经被旅行焦虑折磨了几十年，问我是否有痊愈的可能。我向他保证，他一定可以。同年圣诞节，他终于克服了焦虑，35年来，他第一次成功地乘坐飞机出行。这位患者只是众多案例中的一员。他的案例向我们证明：只要通过可行的步骤进行治疗，普通人也可以取得令人瞩目的变化。我想让你知道，你可以体验到这些转变。不过，虽然你有希望在短期内改善焦虑状态，但也不要给自己设定严格的时间表，以避免增加不必要的压力。每个人都不一样，我们都有各自的思维方式、感受方式和处理方式，我们会通过自己的方式抵达理想之地。虽然没有必要设定苛刻的疗愈截止日期，但我们也要明白，克服焦虑需要付出的努力不是没有尽头的。

你将学到什么

《10倍的平静》一书经过精心编排，其中我模拟了与患者会诊的过程和使用过的治疗策略，我整合了与患者一起践行过的共同策略，并在此基础上进行修改，以方便读者用来自救。随着你逐步践行本书的策略，将这些自救策略整合到你的"个人工具箱"中，这个"工具箱"将成为一个宝贵的资源库，为你提供各种各样对抗焦虑的技巧，有效地应对和管理你的焦虑。这里的章节与我在临床实践中采用的治疗顺序是一致的。为了帮助你充分利用这本书，以一种开放和灵活的态度来看待焦虑，我建议你按章节阅读，不要跳跃。这样有助于你对我在

第一章中讨论的基础概念形成更深刻的理解。这一点很重要，因为这些概念是后面一些章节的基础。每个人的需求和情况都不同，某些章节或练习可能对你来说不像其他章节那样有用。一方面，如果你发现它们根本不适用于你的个人情况，那么完全可以选择跳过这些章节。这么做没问题。另一方面，如果你发现某些章节让你产生了强烈的共鸣，我建议你可以根据自身需求反复阅读，特别是当你发现自己再度感到焦虑时。如此一来，你将会巩固并强化对你最有效、帮助最大的概念和策略的理解。请记住，本书的目标是为你提供改善焦虑所需的工具和策略。随着你读完每一个章节，你将找到最适合自己的方法，此外，还可以根据个人需求灵活调整。

本书一共描述了10个阶段的计划，我们将从探索你焦虑的根本原因开始，这也是第一章的内容。接下来，在第二章，我们将深入研究接纳的技巧，这将帮助你掌握自救所需的自由度和灵活性。

当你发展为病理性焦虑时，你的神经系统正处于压力之下。这种压力可能是短期的，也可能是长期的（会持续很长时间或反复发作）。当这种压力发展为长期压力时，就会导致躯体化症状出现。即使你并不感到焦虑或惊慌，这些症状也会持续存在。慢性焦虑症仿佛一个漏水的水龙头，将慢慢耗尽你的能量，让你感到筋疲力尽。即使你没有频繁感到焦虑，也很难摆脱持续性的担忧和对焦虑的预期。就像一个漏水的水龙头，哪怕在你不需要用水的时候，它仍然会不断滴水一样，在你并不感到焦虑时，焦虑也会让你的大脑飞速运转。这种对心理和情感资源的持续消耗可能会让你筋疲力尽、不堪重负。但是，就像你可以修理一个漏水的水龙头，防止水资源被浪费一样，你也可以学会管理焦虑，储存你的能量。为了解决这个问题，了解如何触发你身体的放松反应这一点至关重要。在第三章中，我们将探讨你可以使用各种策略来实现这一目标。

焦虑可能导致你担忧各种事件负面的后果，从躯体化症状(无论是你本人还是亲人的)、失去控制、惊恐发作、心脏病发作、晕厥或无法呼吸，直到陷入大小便失禁这样尴尬的状况，仿佛你的大脑会陷入对这些负面后果的无尽担忧中。在第四章，也是最长的一章中，我将为你提供管理焦虑的最有效策略。

焦虑可能会使你将注意力牢牢地集中在触发你恐惧的事物上，引发你的强烈关注。如果想要克服这种恐惧，你就需要学会如何重新引导你的注意力，并扩大你的关注范围。在第五章中，我将为你提供具体的策略来帮助你实现这一目标。通过扩大注意力的范围，你可以削弱引发焦虑思维和感觉的能量。

你处理情绪的不当方式也可能加剧你的焦虑。因为焦虑会引发各种可怕的想法，自然会让你产生强烈的情绪困扰，从而体验到难以忍受的痛苦。这种强烈的情绪会困扰你。接着，你可能会将这种困扰解释为出现问题的征兆，导致你以一种可能加剧焦虑的方式来处理自己的情绪。学习有效的情绪调节技能可以帮助你打破这一恶性循环，我将在第六章介绍具体的做法。

第七章描述的是与焦虑密切相关的不确定性。如果难以容忍不确定性，那么你更有可能体验到强烈的焦虑。从生活中完全消除不确定性是不可能的，这样不仅是治标不治本，还会加重焦虑，因为你降低了对不确定性的容忍度。学会如何生活，并且学会容忍不确定性非常重要，因为这可以真正帮助你减轻焦虑。

对于那些容易焦虑的人来说，回避是一种常见的应对机制，因为在面对令人恐惧的情形时，它可以给人提供安全感，但事实上这种回避可能会加剧焦虑。在第八章中，我将指导你逐步克服回避心理，从而回归重要的活动。

经历创伤事件通常会加剧与焦虑相关的问题，但并不总是如此。探讨创伤与焦虑之间的关系，并探索有效的管理策略非常重要。经历过创伤的人通常难以准确区分安全和危险。即使客观上是安全的，他们的焦虑也可能处于较高的水平。因此，这类人容易变得过度警觉，对潜在的威胁过度敏感。在第九章中，我们将介绍一些有用的工具，帮助你管理与创伤相关的焦虑，并缓解神经系统受到的影响。

焦虑可能会占据你的很多心理空间，但是，一旦焦虑消散，你就会为更积极的全新经历腾出储存空间。克服焦虑之后，你可能会发现，你对自我有了新的认识，或者为以前无法进行的活动让出了空间。我们将探讨如何在对抗焦虑的过程中稳中求进，并引入更多你热爱的事物。最后，在第十章，我将分享如何保护自己免受未来压力和挫折影响的策略。

多年的临床经验让我遇到了成千上万的患者，他们表现出各种各样的焦虑。焦虑对每个人身心的影响可能有不同的表现形式。尽管存在这些差异，但他们也有许多类似的经历和症状，当你阅读本书时，你会识别出这些症状。通过识别这些症状，你将更好地了解自己的焦虑，并学会更有效的应对方法。我将以易于理解的方式呈现所有信息，并在整本书中使用许多来自我在临床中遇到的真实患者案例来阐明相关概念。

本书中的策略都是经过深入研究、证据支持和科学验证的方法，内容包括：

● 认知行为疗法(cognitive behavioral therapy，简称CBT)。这有助于人们找到替代性方法去应对困难，管理思维和行为。

● 接纳与承诺疗法(acceptance and commitment therapy，简称ACT)。这种疗法强调行为上的改变，帮助你摆脱负面情绪的困扰，迎接你所向往的生活。

● 暴露与反应预防(exposure and response prevention，简称ERP)。这种技巧可以帮助你通过学习面对恐惧，同时避免采取行动来加强这些恐惧。

- 呼吸练习。这对于减轻焦虑症患者出现的呼吸异常症状非常有效。
- 基于正念的干预(Mindfulness-based interventions)。我们还将使用这些干预方法来帮助你激活身体的放松反应。

当人们与我讨论他们的焦虑问题时,他们经常会问:"怎么做才能解决这个问题呢?"对此,我承诺我将为你提供克服焦虑所需的所有策略。我已经在这本书中为你列出了这些策略,那么相应地,我也要求你对自己许下承诺——保证你会充分利用我提供的技巧。整本书设置了很多任务,我鼓励你尽自己最大的努力去完成这些练习,从而逐渐清除障碍,实现你真正想要的疗愈。完成这些练习对你的康复至关重要:首先,你可能会发现,按照顺序完成这些任务将帮助你逐渐建立自信。随着对材料的逐渐熟悉,你可以同时处理不同的任务,尤其是你认为对自己帮助最大的任务。我建议你在执行这些任务的过程中准备一个笔记本,也可以在手机或电脑上使用电子笔记应用。我喜欢用纸笔记录,但最近我更喜欢用电子笔记记录，因为查找、存储和回顾起来更方便。除了针对焦虑治疗的具体任务以外，你还将在本书中发现一些快速恢复的技巧，类似于急救工具包，它们会为你提供能够迅速解决焦虑的技巧。这类技巧一共有10个，你可以在本书各章节的末尾找到它们。在将更多任务融入你日常生活的过程中，我完全理解你可能会感到的不适和不便，尤其是还要同时处理手头上正在忙碌的事情，更是感觉力不从心。但请你从这个角度思考一下：你的焦虑可能已经消耗了大量时间和精力。相比之下，我要求你做的任务所消耗的心神不值一提，而完成这些任务所能获得的好处远远超过你所消耗的时间和精力。这些任务不仅会让你感到愉快，有些甚至会让你放松下来，它们还会让你一劳永逸地学会如何管理焦虑。当你练习这些新技巧时，你将感到更轻松、更平静。同时，你将更好地应对未来的焦虑，防止问题恶化。所以，一定要坚持练习。记住，你练习得越勤奋，对焦虑的管理就会变得越容易，取得的成果也会越多。

将焦虑看成一个故事，你既是演员，同时又是观众。作为演员，你可能会在焦虑的驱使下做出某些行为，比如避免某些情境，或者过度审视自己。但作为观众，你可以观察这些行为如何影响故事的情节，并带来什么样的后果。当你按照焦虑的脚本行事时，结果通常是负面、令人失望的。通过意识到自己演员的身份，并采取一些小的步骤来改变自己的行为，你将会获得改变情节走向的能力。这正是本书中任务所涉及的内容。坚持练习这些任务，你将逐渐建立自信，并取得更积极的结果。把焦虑看作你自己书写的故事，让自己成为故事的主角，随着时间的推移，你将会看到自己的故事朝着更加幸福的结局发展，感受到自己对焦虑情绪的管理能力在不断增强。

确保身体健康

在深入探讨那些专业工具之前，我想强调的一点是，在保持良好心理健康的同时确保身体健康的重要性。包括睡眠、饮食、体育活动，以及你消磨时光的方式，所有这些都对你的情感健康有重大影响。我们不会花很多时间来讨论这个主题，但一定要认识到关注这几个方面将有助于你成功地战胜焦虑。我们的目标不是追求完美，而在于尽力而为。在阅读时，请记住，在你对抗焦虑的过程中，保证足够的睡眠、健康的饮食和抽出时间来照顾自己是最基本的事项。书中只提及一些基础性的建议，请尽力而为。记住，与所有事情一样，偶尔迷失方向是很正常的，当发生这种情况时，请不要对自己太苛刻，你只需从原地再次出发，继续前进就好。

睡眠

让我们从睡眠的重要性说起吧。晚上获得充足且高质量的睡眠对你的身心健康有巨大好处，它还可以减轻焦虑。你需要制订一个适合你的睡眠作息时间表，并坚持下去，尝试营造一个安静的睡眠环境。你的目标是每天在差不多的时间上床睡觉和起床。你应该知道，在临睡前吸烟或摄入咖啡因、含糖饮料或酒精都不利于睡眠，这些东西可能会刺激你的身体，干扰你的自然睡眠模式。此外，在临睡前也要避免盯着手机屏幕，因为这也可能影响你入睡。如果很难克制使用手机的冲动，你可以考虑将手机放在另一个房间，依靠自己的生物钟自然醒来，而不是依赖手机闹钟。如果在临睡前有什么令你担忧的事情，你可以先记下来，留到第二天再处理，这也是一种解决办法，这样一来，笔记本或日记本就得是随手可用的。如果这些改变让你有些难以适应，你可以从小的改变开始，随着逐渐适应这些改变，你就可以逐渐扩大改变的范围。例如，从晚上10点前关闭所有屏幕开始，接着在几周后将更多的放松活动纳入你的日常安排中。

一个良好的作息习惯可能包括一个小时或半个小时的放松时间，具体取决于你的需要。在这段时间内，可以试着调暗灯光，播放一些宁静的音乐或者播客节目，刷牙、淋浴或泡澡，完成夜间美容。之后，你还可以做一些事来放松，比如读一本书、冥想、画画、拼图、听有声读物或进行一些温和的瑜伽和拉伸运动，然后上床睡觉。如果你发现很难凝神静心，还有一些简单的技巧可以帮助你平静下来，比如从一个随机的数字开始倒数，从千位数开始。另一个方法是尝试将你最喜欢的地方具象化。如果你在床上躺了超过30分钟仍然无法入睡，也可以起床做一些放松的活动，比如阅读，直到困倦再次来袭时再回到床上。最后，应尽量避免在夜间查看时间，因为这会增加焦虑，促使你保持警觉，进一步干扰睡眠。

饮食

食物不仅是你身体健康的燃料，还是你心理健康的燃料。你摄入的食物将影响身体吸收的营养物质。良好的饮食习惯不仅可以改善你的情绪，还可以为身体提供更多的能量，让你的思维变得更加清晰。你吃得越好，身体就越健康，大脑就越聪明。我们的目标不是追求完美的、不符合社交媒体"照片墙"(Instagram)上宣传的标准饮食。我相信，简单的马麦酱和吐司零食无法达到这个"标准"，不过这无关紧要。我们不是追求完美，而只是尽量利用我们可以获得的资源。

在焦虑时期，我的一些患者可能有一两天都无法保持健康的饮食习惯。我不会责备他们，而是会支持和鼓励他们，因为我们必须接受一件事——生活有时会很艰难，这是人生常态。我的临床经验告诉我，恐惧和焦虑通常会抑制食欲。如果你出现这种情况，可以尝试吃少许可口的食物。如果你深陷痛苦之中，进食困难，那么只要能吃得下健康的食物就好，然后继续正常生活。尽量不要跳过一日三餐，全天都要按时吃饭，这样你的身体就有足够的能量来保持良好的工作状态。情况允许的话，有一个快速且简便的饮食技巧，那便是每餐都吃一片水果(或蔬菜)。这不仅有助于你达到每天"五蔬果"的标准，而且研究表明，食用新鲜水果和蔬菜是保持良好心理健康的支柱之一。我们的目标是拥有健康均衡的饮食结构，摄入大量的水果和蔬菜、全麦食品、蛋白质和健康脂肪，如脂肪酸(Omega-3)和必需脂肪酸(Omega-6，有助于滋养大脑)。这些食物含有大量你身体所需的维生素、矿物质和纤维。除了食物摄入，你还要确保每天摄入足够的液体，以确保身体保持充足的水分。请记住，焦虑可能会影响你的消化系统，导致消化速度减慢，甚至加速。在极度焦虑的情况下，食用易于消化的食物以维持你的身体能量非常重要。如果你需要关于健康均衡饮食的具体建议，请参阅英国国家医疗服务体系(NHS)的"饮食健康"网站上的信息或咨询你的医生。

体育活动

大众相信体育活动对心理和身体健康都有显著的积极影响。研究普遍表明，参加体育活动有助于预防焦虑，并增强整体的心理健康。研究还显示，体育活动可以减轻焦虑和与压力有关的疾病症状，包括创伤后的应激障碍(PTSD)和恐慌症(panic disorder)。如果这还不够有说服力，体育活动的好处还包括减轻身体的紧张感、提高睡眠质量、转移注意力、产生成就感、振奋情绪、降低血压、加快学习速度，以及增强记忆力。因此，尽量参加一些常规的体育活动，这是很容易实现的一件小事。你不需要加入收费高昂的健身房或购买昂贵的设备，你可以借助很多免费简单的方法在户外和室内开展锻炼。在网上就可以找到大量实用性强的免费运动视频，你也可以在家里开展体育活动。你还可以散步、骑自行车、游泳、园艺、跳舞等。另外，户外活动还会给你带来额外的益处：接触绿色空间已被证实会对心理健康产生积极影响。关键在于你要找到一些你真正喜欢做的事情，这样不仅有趣，还有助于缓解焦虑和提升心理健康。你是否打算重拾爱好？你是否考虑加入当地的团体或运动队？

有趣的活动

参加一些你觉得有趣的活动，可以对心理和身体健康产生重要的影响。焦虑不应成为个体生活的全部。当这种情况发生时，你可能会迷失自我，发现自己无论是白天还是夜晚，一周还是一个月，都生活在焦虑之中。参与能为你提供其他体验的活动，可以给身心带来极大的好处。你的生活中有一些有趣的活动可以帮助你更好地应对日常任务，减少被压力吞噬的感觉。焦虑会消耗身心健康。参与一些有趣的活动，能提升你的能量水平，降低疲劳感，让你感到更自信。做有趣的事情还可以减少皮质醇的分泌。而在焦虑症患者中，这种应激激素的浓度会升高。抽出时间参加有趣的活动会增加另一种激素——血清素的分泌。血清素对情绪、睡眠、消化、记忆和身体健康都有好处。皮质醇的减少和血清素的增加可以增加心理能量，提高思维清晰度和记忆力。这些好处对我们来说非常重要，有助于我们战胜焦虑。

很多人都会遇到这种情况——自从被焦虑主导生活后，就不再去做曾经喜欢的事情了。请花点时间思考一下，哪些是你曾经做过但自从焦虑出现后就停止了的活动。你能列出这些活动的清单，并找出重启至少一项活动的方法吗？每周留出一些时间来做一些你真正喜欢的事情。随着时间的流逝，当你完成计划后，可以将自己喜欢的其他活动也纳入你的生活中。如果你需要一些灵感，请查看第十章介绍的"愉悦身心的100个活动创意"。

人际交往

生活中的人际关系也可以对你的心理健康和整体幸福感产生积极影响。这些人可能是家人、朋友、邻居、同事或其他人。通过彼此之间的联结，我们共同度过了愉快的时光，在遇到困难时守望相助，我们也互相学习，无论是花时间聊天，一起做搞笑或有趣的事情，探讨我们的情感，从不同的角度看问题，听取某人的意见或解决问题，等等。请记住，你可以向他人寻求帮助，如果关心和爱你的人不知道你需要什么，他们就无法帮助你。因此，不要孤立自己，默默忍受痛苦，而是要寻求帮助。

我过往的研究和治疗患者的临床经验都表明，那些患有焦虑症的人往往会将自己与他人分隔开来，这会使他们的问题恶化。随着你越来越关注自己的焦虑，你的行动就可能减少，你与他人交往的频率也可能降低。这种状况恰巧会让你滋生焦虑，甚至加剧你的焦虑，而这正是我们希望避免的情况。为了防止这种情况的出现，与生活中对你有积极影响的人保持联系至关重要。如果失去与外界的联系，你会考虑重新建立与这些人的关系吗？你只需要发一条简单的信息就能恢复与他人的联系："嗨，好久不见，我经常想起你，你近来可好？"有时候，人们不愿意和别人接触，是因为他们不想向别人倾诉自己遇到的问题。他们不想给他人增添负担，他们可能有病耻感，或者其他的原因，比如说他们害怕别人无法理解自己。如果你也有上述感受，就不必谈论自己正在经历什么，只需要告诉别人做什么能让你好受些。秘诀是享受与他人相处的愉快时光，而不是将注意力放在敞开心扉时所承受的压力上面。

随着时间的积累，这些基础知识给身体带来的好处会逐渐显现。这些都不是短期就能见效的解决方案，相反，你只需要将它们想象成生活方式的改变，为你克服焦虑奠定基础就好了。请试着让这些改变成为一种习惯，只要对你有帮助，无论用什么方式都可以。不要追求十全十美，尽力而为就可以了。

第一章

认识你的焦虑

如果你想战胜自身的焦虑，那就必须先了解焦虑的定义及其诱因。或许你此时想着要不跳过这一节，直接翻到后文的对策部分，但是千万不要这样做，因为后文的对策是否有效，都建立在前面这些基础知识之上。假设你想修好一辆汽车或一台家电，在还没有明确哪里出了故障并且完全理解这一故障对全局的影响之前，你是不会胡乱地摆弄它的。同样地，在你有能力妥善处理焦虑之前，你需要对焦虑有充分的认识，以及认识到焦虑对你的整体影响，包括对你的大脑和身体的影响。你对焦虑的认识越深刻，战胜它的希望就越大。因此，我才会如此强调"认识焦虑"这项能力的重要性。如果你来到我的诊所寻求治疗，那这正是我们开启疗愈的第一步。

为什么你需要认识焦虑

有些人能意识到，并且承认自身的焦虑，而另外一些人一旦意识到身体的毛病是"焦虑"导致的，他们会惊讶不已。焦虑居然会引发这样的症状，这确实挺令人费解，你是否也曾有过同样的感受？其中一部分原因在于，你们还没有彻底认清自身的焦虑。等到有一天你洞悉了焦虑的本质，便会意识到它的存在是多么合理，远远超乎你的想象。

想象一下，在一个雾气弥漫的日子里，你穿过一片森林，一路上障碍重重，脚下满是岩石和掉落的树枝，视野极其有限，眼前模糊不清。当对焦虑缺乏认知，比如知识匮乏、理解不足时，就会出现这种情况。当阳光穿透雾霭，照亮前方的道路时，错综复杂的路线就会清晰地呈现在你的眼前。当你的视野开阔起来，就再也不会因为看不清脚下的路而被绊倒了。这和焦虑的运行机制是一样的：当你认清了焦虑是如何对你产生影响的，那么前方的道路就会被照亮，从而指引你前进的方向，帮助你更轻松地克服困难。明确了这一点后，你就能够看清眼前的问题，让自己慢慢好起来。

你之所以会看到这里，是因为你在某种程度上接受了自己存在焦虑的问题。有时你也会怀疑自己为什么会接受这个事实，但没关系，这也属于焦虑的运行机制。你的焦虑问题不是突然出现的，而是由某种原因引发的。有时，某些事情的发生会改变你对某种事物的看法、感受和反应方式。随着对焦虑的认识更深入，你将看到思想、感受和行为之间的密切联系。你还将体察到大脑的运作原理，以及它是如何影响你的身体和心理状态的。我们将探讨焦虑的成因，如果你曾经问过自己这个问题——"为什么偏偏落到我的头上？"那么或许你可以在本章找到答案。我们还将讨论焦虑的诱因，你将学会逐一找出那些隐秘的个人因素。此外，本章还讲述了导致焦虑持续发作的因素，并详细解释了为什么你可能已经陷入一个似乎永无止境的怪圈之中。为了逆转你的生活状态，我们将重点关注这些导致持续焦虑的循环现象。好了，那就开始吧！

我所说的焦虑是什么意思

焦虑是一种感受，一种情绪、心理和身体上的反应。你不需要我告诉你——所有人都有焦虑的时候，这是正常现象。焦虑对于我们的生存发挥着重要的作用，在必要时，它会让我们的表现更出色。我们需要焦虑感的刺激来提升我们的各项机能，而不是削弱我们的能力。

当焦虑变成一个问题时，它就会干扰我们正常的生活。这可能是一般性焦虑、健康焦虑、惊恐症或社交焦虑。为方便起见，在本书中我一般会将这些统称为"焦虑"或"焦虑带来的问题"，除了某些任务或案例需要区别开以外。对于大部分人而言，在没有突发危险的情况下，如果一直处于焦虑状态，并且没有必要为未知的恐惧做准备时，这种焦虑就会演变成一个问题。这种感受可能会让你陷入毫无缘由的恐惧之中。如果你过度焦虑、长期焦虑或者在没有必要的情况下持续焦虑，就会引发严重的问题。

你的大脑与焦虑

恐惧的感受是由大脑传导而来的，这一构造能让人体迅速对危险做出反应。恐惧是大脑一项极为重要的功能，它让人保持警觉、兴奋和理智。人的大脑会对可能出现的危险做出反应，从而确保人身安全，保障人的生存。我们需要了解当突然出现威胁时大脑会发生什么，这也是认识焦虑这一课题的一部分。人的大脑有许多处理恐惧刺激的区域，这就是大脑的恐惧网络。我们将详细地解释大脑恐惧网络当中的两个重要结构：丘脑和杏仁核。简而言之，丘脑接收感觉信息，而杏仁核处理恐惧反应。

丘脑在你的身体中发挥着许多重要的作用：它调节意识和警觉，传递感觉信息，以及运动信号。你可以将丘脑看作信息中继站。丘脑接收的感觉信息包括你所见的、所听到的、生理反应（触摸）和所尝到的东西。基本上，这意味着丘脑掌控着除了嗅觉之外的所有感觉，而嗅觉来自嗅皮层。

丘脑将信息传递给杏仁核以触发反应，杏仁核在调节恐惧情绪方面发挥着至关重要的作用。它通过处理与恐惧和焦虑相关的情感和记忆来调节恐惧情绪。杏仁核对威胁信号非常敏感，它还能让你的记忆与情绪产生关联。它将传入的信息与过去的记忆进行匹配，并可以根据你可能已经建立的记忆关联来处理非威胁性事件。这个过程可以在不知不觉中发生，你甚至无法察觉到它。

如果你的杏仁核认定一件事具有威胁性，它就会以

丘脑

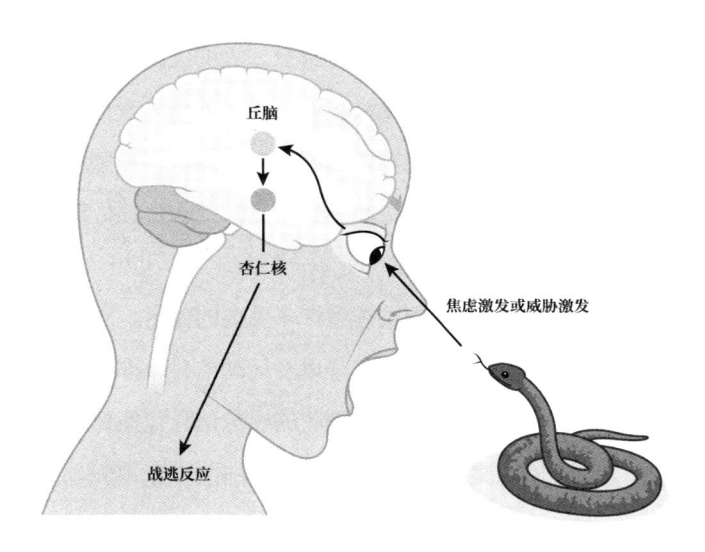

杏仁核

焦虑激发或威胁激发

战逃反应

各种方式合成并释放压力激素。人体内的主要压力激素是皮质醇，肾上腺素是身体面对恐惧时释放的另一种激素。这两种激素会引发身体的显著变化，影响你的心脏、呼吸和肌肉，让你保持警惕。当发生这种情况时，人身体的各个部位可能会产生数百种导致身体、心理和行为发生变化的反应。这就是所谓的"战逃"反应，也称为"压力反应"或"恐惧反应"。这种神经生物学反应为你的身体和思维做好了行动准备，无论是战斗还是逃跑。即使威胁并不存在，你的大脑也会启动这一反应，无论你是否处于实际危险中，因为它的作用是确保你的安全和生存。可以回想一下，你的身体上一次出现这种情况是什么时候？

仅仅是思考让你感到害怕的事情就足以引发这些反应。有哪些想法或情境会在你身上引发这种反应呢？有时候，甚至只是特定的词语都可以引发恐惧反应。在某些情况下，我的一些患者甚至不允许我在他们面前提到某些词语，比如心脏病发作、癌症、呕吐，因为这些词语会让他们产生强烈的焦虑感。克服这些回避行为是战胜焦虑的重要一环，我将在第八章向你阐释如何做到这一点。

还有一个典型例子是恐怖电影，这属于在实际危险或威胁不存在的情况下触发的恐惧反应。在观看悬疑电影时，你的手掌心可能会出汗，心率可能会加快，甚至肌肉会紧绷，哪怕这些场景并没有对你造成实际的威胁。这些强烈的感觉并不表明你有什么问题，它们只是你的大脑自动编程的结果。看恐怖电影时，一旦你的大脑评估了实际情况，意识到你没有危险，它就会关闭这种恐惧反应。这些瞬间反应对你的生存至关重要。一般遇到危险时，你需要迅速行动，这种时刻不适合进行思考和沉思。如果你真的处于危险之中，这么做只是在浪费宝贵的自救时间。一旦感知到危险消失，压力反应就会减弱，你的身体就会恢复到更平衡的状态。当出现焦虑问题时，人们会经历持续的威胁感，这种感觉不会完全消失。这可能会导致你的身体一直保持着高度恐惧，并导致压力反应持续更长时间。

战斗-逃跑-僵住

应对压力的三种不同反应是战斗、逃跑和僵住。

- **战斗**是指通过必要的行动来面对和应对威胁。
- **逃跑**是指逃离不利情境以避开威胁。
- **僵住**是对恐惧的一种反应，导致身体暂时麻痹，让你保持静止和警觉。

面对可怕的情景，每个人的反应都各不相同：你的思维和身体会基于情景、学习行为、个性因素和当时的思维方式做出个性化的反应。无论具体情况如何，本书中的策略都会帮助你保持冷静。

焦虑会对你的身体和心理产生什么影响

焦虑会对你的身体和思维产生各种各样的影响。这些可能包括生理影响、心理影响和行为方面的影响，每个人的体验都是独特的。身体变化体现在各个部位产生的物理和生理反应上。你可能体会到一种相对恒定的感觉，它们可能时有时无，也可能会在不同类型之间进行切换。与恐惧相关的感觉也会反复出现。心理变化包括你的思维方式、感知方式，以及情感的变化。行为变化指的是你采取的行动和你所做的事情。

我们已经了解到，恐惧反应本身或许是有益的，它可以改善你的表现，让身体和大脑做好应对潜在威胁的准备。当恐惧反应按照其预期方式运作时，身体和思维的变化是突然且强烈的，但持续时间较短；当危险过去时，一切都应该平静下来。当这些反应无法停止时，恐惧反应就会导致问题性焦虑。在面对威胁时，你无法再充分发挥自己的潜力，相反，你的身体和思维已经处于过度紧张状态。

这种类型的压力会导致这些变化更持久，更令人不悦。因为恐惧反应持续时间过长会导致你的思维和身体过于紧张，随后可能会削弱你应对压力的能力。焦虑可能导致你的思想变得消极，增加恐惧感，从而加剧焦虑。你知道身心变化是如何相互影响的吗？你可能会陷入令人难以忍受的身体不适和心理超负荷的恶性循环中，这将使得你难以保持冷静和掌控自己的情绪，即使你尝试告诉自己要保持理智，也无济于事。

　　焦虑带来的许多感觉都是令人担忧的。是的，它们令人不适和恐惧，但你需要提醒自己，这些是你的身体在应对压力时的正常反应。了解在慢性或高度焦虑的状态下你的身体会做出怎样的反应，将会帮助你从不同的角度看待这一问题。如果你担心不知道怎么辨别典型的焦虑症状和感觉，参考本书第十章后部分的详尽介绍或许会对你有所帮助。该列表包括常见的与焦虑相关的几乎所有身体、心理和行为方面的变化，以及我在临床实践中观察到的所有变化。请不要被列表提及的感觉吓到。虽然其中一些可能对你来说似乎有点陌生，但你需要知道的是，你不太可能体会到所有感觉，也不太可能体会到全新的感觉。如果你已经与焦虑问题抗争了一段时间，你的身体已经建立了一种个性化的反应模式，这时就可以放心了。

现在我们说说你要进行的第一个任务。完成每个任务时，你需要记下对问题或指示的反应。所以，要随身携带一个笔记本或电子设备。你的第一个任务非常简单。

任务1　焦虑如何影响我？

你已经意识到焦虑会在你的身体中引发各种感觉，同时还会伴随着心理和行为上的变化。你的第一个任务是识别焦虑是如何在这三个方面影响你的。请参考第十章中"焦虑的常见症状和感觉"来帮助你完成这项任务。举个例子，我列出了我的患者马戈的症状。

身体

注意你在焦虑时身体的反应。马戈会出现心悸、气短、身体发热和头晕等症状。

心理

焦虑会如何影响你的思维和精神状态？你的大脑里会发生什么？马戈会陷入灾难性思维中，她无法停下灾难性的思考方式,并认为不好的事情随时会发生在她身上。

行为

记下你所有的行为,也就是你在焦虑之下会采取的行动,比如回避某些情境或寻求安慰。在马戈的案例中,她表现出不敢独自外出,避免剧烈运动,并不断寻求安慰的行为。

了解焦虑诱因

在这里,我们讨论的是诱因,与导致焦虑的原因不同,我们将在接下来的内容中讨论前者。我所说的"诱因"是指某些事情可能会加剧焦虑,使焦虑水平达到峰值——最终可能会减弱,之后,你可能摆脱焦虑,或者回到正常生活或休息状态时的焦虑水平。诱因可以是内部的也可以是外部的。内部诱因即源自你身体内部,比如思维、感受、知觉、闪现在你脑海中的画面或过去事件的提醒。外部诱因则是来自外部环境的因素:情境、其他人说或做的事情、你看到的或听到的内容等。识别和理解你的焦虑诱因非常重要。为了能够对症下药，你需要充分了解它们，这一点至关重要，因为通常情况下，是你的焦虑诱因导致你以加剧焦虑症状的方式做出反应。每个人的诱因差别很大，我在下表列出了一些常见的诱因。

常见的焦虑诱因	
基于身体的诱因	• 生理反应 • 身体疼痛 • 绝经期 • 经期 • 怀孕
身体诱因	• 临床环境 • 医疗程序 • 健康问题（自己或他人的健康问题）
线上诱因 (包括社交媒体和新闻报道)	• 新闻报道中的人们生病、受伤或死亡 • 浏览过多有关疾病、灾难等会引发焦虑的信息 • 有关人寿保险、遗嘱书写、葬礼、公共卫生的广告
人际关系/交往诱因	• 独处 • 与人相处 • 冲突或受到不公平的待遇 • 遭受丧亲之痛或失去所爱 • 成为父母
认知诱因	• 思考或记起令人恐惧的事情 • 触发词，如癌症、死亡、疾病或新冠病毒

续　表

常见的焦虑诱因	
触发地点/情境	• 接触危险的情境，如细菌或毒素 • 驾驶，交通拥堵，被困在隧道或桥上 • 公共交通工具，火车和飞机 • 拥挤的情境

任务2　识别你的焦虑诱因

准备好你的笔记本或电子笔记。

慢性焦虑可能会在低强度的休息水平中持续存在。无论是内部的还是外部的诱因，都会加剧焦虑感。了解你的焦虑诱因将帮助你认识到自己会对什么事物产生反应。查看上表中的诱因，并考虑还有没有不在此列的其他诱因，记录符合你自身情况的诱因，我们将在以后的练习中处理这些反应。

为什么是我

你是否曾经想过为什么自己会经历这样的焦虑？一方面，这个问题可能已经多次出现在你的脑海中，你可能已经对导致焦虑的原因有了清晰的认识。另一方面，你可能对为什么会发生这种事情感到困惑。许多因素都会诱发焦虑。其根本原因可能与焦虑的气质、个性和心理特征有关，或者是过去的经历塑造了你的思维方式。你的家庭史也可能是其中一个原因。在某些情况下，某些事情的发生可能导致你更容易焦虑，比如不好的童年经历、创伤事件等。情境因素也可能导致焦虑，你的生活可能一切都好，直到某种生活压力源打破了你的安全感和稳定。新冠疫情的暴发就是一个影响许多人生活的压力源。

尽管一些原因已知，但人们仍然难以确定导致焦虑问题的确切原因。对一些人来说，他们的问题似乎是突然出现的，没有任何明显的原因。有些人在生活看似进展顺利、没什么大问题时出现了焦虑情绪。无论导致你焦虑的原因是什么，本书的策略都会对你有所帮助。我从临床经验中了解到，虽然了解问题的源头可以让我们深入了解病症的原理，但真正让治疗取得进展的是各种策略的应用。如果你不知道焦虑的原因，我建议你不要沉迷于寻找答案，而应将精力集中于疗愈和本书中策略的运用上。

根据我的临床经验，已知的焦虑原因通常可以归入某些类别。然而，焦虑问题的发展很少是由单一因素导致的，相反，多个因素通常会共同作用，导致焦虑问题的出现。接下来让我们探讨其中一些原因吧。

气质和个性

你的气质和个性塑造了你对周围事物的反应方式。如果你有焦虑气质，你可能会对看上去令人不适的情境更敏感，反应更强烈。这种高敏感可能会导致你想回避这些情境，自信心受挫，并对自己的应对能力产生负面看法。这可能会迫使你避免去做更多的事情，进而导致问题进一步恶化。焦虑或敏感气质的人常常会回避生活中的问题，我们将在第八章中进一步了解这一内容。有完美主义倾向的人更容易出现焦虑问题，容易被压力源打倒的人也是如此。此外，渴望控制环境或个人情况的人可能更容易出现焦虑问题。

不幸的童年经历

你的家庭生活、童年经历和成长环境中的某些因素可能会增加焦虑问题的风险,这些因素可能包括以下内容:

- 在一个动荡、流离的环境中成长
- 不一致的育儿方式
- 亲密关系中的不安全感
- 家庭中的心理健康问题
- 家庭中的药物滥用问题
- 糟心或冲突频发的家庭环境
- 阴晴不定、令人恐惧或脾气古怪的父母/照顾者
- 年幼时承担过多责任
- 被过分保护
- 被期望独自处理问题
- 失去家庭成员
- 身体疾病或残疾

创伤性生活经历

在童年、青少年或成年时经历的创伤事件也可能

导致焦虑问题的出现。这些经历的共同之处在于事件结束后留下的无力感和不确定性，导致人们产生一种不安全感，以及无法应对能够触发相似恐惧的日常情况。创伤性生活事件可能会影响个体的信仰、感知、情感和反应。对个人的影响程度并不取决于事件的大小，在临床上，我们将创伤分为大型创伤和小型创伤，两者都可能带来明显的困扰。虽然大型创伤是被广泛认定为创伤性的，并且可能导致人们患上创伤后应激障碍，但小型创伤也令人困扰，同样会对人们的心理健康产生重大影响。用于区分这些创伤的术语命名旨在帮助患者制订治疗计划，它并不会削弱小型创伤的严重性，真正重要的是了解创伤对个体的影响。

通常导致创伤后应激障碍(PTSD)诊断的大型创伤事件可能包括：

● 亲身经历了(有人)死亡、严重受伤或伤害事件，或对你的身体完整性造成其他极端的威胁。

● 目睹过某种威胁(包括死亡、严重受伤或伤害)，或对他人的身体完整性造成其他极端威胁的情境。

● 对你的生存和完整性构成严重威胁的事件，这些可能包括性虐待、严重犯罪、暴力、与健康相关的事件、事故，或身处战区或自然灾害中。

小型创伤指的是生活事件，通常不会对你的生存构成严重威胁、暴力或灾难，但在个人层面上却会造成重大痛苦。因为小型创伤不涉及严重的暴力、灾难或死亡，患者可以将其影响降至最低，并忽视它们。这可能是因为一个人认为这些事情更常见，因此当更糟糕的事情有可能发生时，他们可能会为自己的反应感到羞耻，或者他们可能没有意识到这些事情对他们的实际影响究竟有多大。无论原因如何，无论是最小化影响、回避，还是不知道它会导致一切陷入僵局，小型创伤都会加剧焦虑问题，从而导致更多的痛苦。小型创伤可以是以下情况：

● 不会危及生命的伤害
● 不会危及生命的健康状况
● 被欺负
● 人际问题
● 关系破裂
● 医疗干预

- 恐惧体验
- 流产
- 充满压力的行动
- 财务困境
- 失业

从事某些特定职业的人面临创伤和患焦虑问题的风险高于其他职业的人。一些研究已记录下其中一些情况，而且我在临床实践中也见过此类情况。这些职业包括：

- 军事和战区人员
- 消防员
- 警察
- 医疗保健工作者

非创伤性焦虑的原因

并非所有焦虑问题都源于创伤经历。有些患者告诉我，心理治疗师将他们的焦虑归因于创伤，即使他们并没有关于这段创伤的记忆。这些治疗师继续寻找，甚至假设了一个创伤原因，这样的诊断方式可能令患者感到沮丧，预期效果也不理想。

有时候，人们担心自己经历了隐藏的创伤事件而不自知，当他们找不到证据时就会感到沮丧，但在某些情况下，实际上可能并不存在这样的创伤。让我们考虑以下这些可能导致焦虑问题的非创伤性因素吧。

● 某种生活状态的转变可能会诱发焦虑情绪。这些例子包括结婚、成为父母、身体方面的变化、开始新工作和买房等。

● 在特定情境或场景中感到焦虑可能会导致患者对该情境和类似情境的过分关注。例如，如果你在工作中做了一个演讲，但演讲出了问题，你感到不舒服或说错了话，这可能会导致将来在类似情境下你对自己的表现过分关注，从而触发焦虑。

● 有时，过去的经历可能会塑造你对某种情境、事件或生理反应的关注度。创伤性事件或疾病可能会导致过度警惕，经历惊恐发作也可能增加对生理反应的敏感性。不幸的童年经历，包括情感压抑或父母以批评为主的育儿方式，也可能导致当感觉情况不对劲时，将身体的正常感觉误解为威胁。

● 有时某件事的发生会引起你的不确定感，从而引发你的担忧。即使麻烦已经解决，你仍然可能会感到焦虑，因为你已陷入过度思考和担忧的循环之中。焦虑情景虽然已经过去，但焦虑周期已经确立。

● 健康性焦虑可能出现在良性或轻微的健康问题之后，这可能导致患者对健康问题的过度关注和小题大做。这种管理健康的解决方案起初似乎合理，但当焦虑状态确立和持续时，它就会演变成问题。

● 有时候，一些偶然事件加深了个人对健康、死亡和疾病的意识，以致变得过于小心谨慎。公共疾病流行、听到一个故事，或者看到新闻的某个场景都会引发他的焦虑。

● 当一个人总是痴迷于一些疾病知识，那么在获取这些知识的过程中就会引发他的健康焦虑，这些知识可能来自公共卫生宣传活动、广告、道听途说，或是新闻报道。医护人员尤其容易受到这些影响。

● 有时发生的某件事会影响一个人对于怀疑的容忍能力，随后，他们迷上了寻找确定性。渴望掌握某件事的进展情况会导致许多控制行为的出现，从而迅速引发问题性焦虑。

焦虑持续不断的原因

为什么焦虑不会停止？我怎么能让它停止？我已经竭尽全力，但情况似乎越来越糟。你有这样的感受吗？你的焦虑没有好转的主要原因之一是你被困在一个自我延续的循环中。这个循环是基于你对问题的反应方式产生的。这些反应可能包括：

- 你如何思考问题
- 你如何关注问题
- 你体会到的感觉
- 你如何调节情绪来解决问题
- 对痛苦的低耐受性
- 你对焦虑的反应行为
- 回避和不容忍不确定性

试想一下，你看到一则有关一位名人患上喉癌的新闻报道，于是开始焦虑了。这种恐惧让你认为自己也可能患上喉癌，从而加剧了你的焦虑。你开始把注意力集中在自己的喉咙上，然后开始感到喉咙有些异样。你将

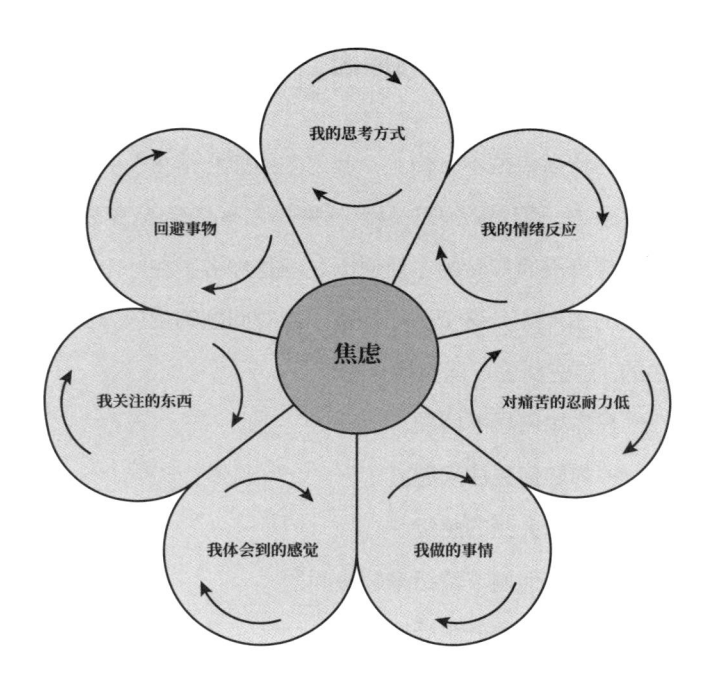

```
           我的思考方式
  回避事物            我的情绪反应
  我关注的东西   焦虑   对痛苦的忍耐力低
      我体会到的感觉  我做的事情
```

这些感觉解释为喉癌的迹象，于是开始检查喉咙、在互联网上搜索信息，这种行为导致你产生进一步的恐惧和焦虑。随着你的恐惧和焦虑加剧，你的想法得到强化，你坚信自己出了问题，从而体会到身体产生的某种感觉。向他人或医疗专业人员寻求安慰可以提供暂时的缓解，但当你的喉咙再次感到异样时，这一循环就会重复，并且每次都会更加严重。这个反馈循环增强了焦虑的力量，因为一个循环的输出会成为下一个循环的输入。

当你陷入一种产生更多压力的模式时，焦虑循环就会开始，导致你需要不断通过各种行为来管理这种压力。想要克服焦虑，关键在于摆脱这些痛苦的循环。了解这些循环的运作方式是战胜焦虑的重要一步。循环的积极方面体现在它可以从负面模式转化为正面模式。这就好比一辆自行车轮子朝一个方向转动，你可以施加相反方向的力来改变它的方向，让它重新转起来。最初，这可能需要付出艰辛的努力，但只要坚持不懈，轮子将开始增加动力，不断沿着新的方向、路径运动。

你的思考方式

你对焦虑的思考方式会让你感到更害怕或更不害怕。如果你将自己想到的内容解释为事实，并认同一场灾难即将发生，那么你自然而然就会感到恐惧。这种恐惧会加剧你身体的恐惧反应。记住，当恐惧反应升级时，思考会变得更加困难，你将会经历侵入性思维和可怕的想象。这些想法伴随着强烈的情感反应，使得你的思维将它们标记为优先事项，然后你会反复思考并关注这些事，从而越发感到恐惧。

片面看待现实情况的方式有很多种，这进一步加剧了你的焦虑。片面的看法会夸大问题，扭曲你的思维，而你越是片面地看待事物，就越难以保持对现实的正确理解。在你意识到不对劲之前，你的思维已经变得极端，并通过将你困在如下图所示的循环中来加剧你的焦虑。

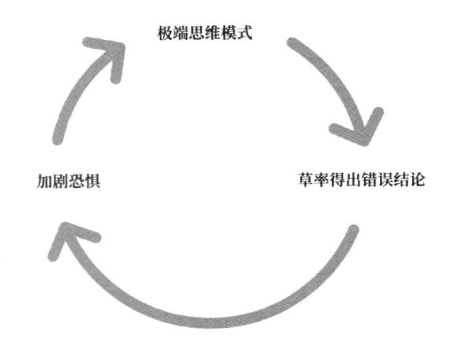

极端思维模式 → 草率得出错误结论 → 加剧恐惧

▶灾难化思维方式

这是前来就诊的患者最常见的思维模式。这类患者假定事情会走向最糟糕的结果，并让自己相信它肯定会发生，不管它实际发生的概率是多少。将事情灾难化通常包括诸如"如果……会怎样"之类的话语,并夸大负面后果的影响。

比如,如果飞机坠毁了,我们都会死吗?如果孩子发烧,是因为得了什么致命的疾病吗?如果这次恐慌发作其实是由心脏病引起的呢?

▶非此即彼的思维方式

你的思考方式很极端:要么你百分百安全和健康,要么你即将死于心脏病发作。事情要么完美无瑕,要么糟糕透顶。当你以这种方式来思考时,你看不到中间地带的存在——你本可以告诉自己:"是的,现在很难熬,但一切都会过去。"

比如,我永远不会好起来。焦虑永远不会停止,除非我完全不会感到焦虑,否则一切都是没有希望的。

▶以偏概全的思维方式

你把不好的经历、情况或事件投射到未来,将其视为一种会持续存在的循环。你根据已经发生的事件得出结论,并继续将那个结论应用于每一个类似的事件或情境中。

比如,如果一件事发生了一次,那么这件事将会一直发生。如果我独自外出,那我一定会恐慌发作。

▶占卜者

想象一下,你有一个水晶球,可以看到未来,而你告诉自己未来只会有更多的痛苦和苦难。在这种思维方式下,你预测未来事件会对你或你的爱人产生特定的负面结果。

比如,我知道我注定要早死,我能感觉到,而且那将会是一种可怕的、痛苦的结局。如果我遇到一个患病的人,那我一定会被感染,然后患上重病。

▶读心者

你会假设周围其他人在思考什么或做什么,而这些假设总是负面、消极的。

比如,那个人看我的眼神很奇怪,因为他知道我有问题。医生办公室的秘书看我的眼神有点奇怪,因为她看到了我的检查结果,她知道接下来我要面临一个噩耗。

▶思维过滤者

你在一个情境中筛掉了所有积极的因素,只让自己沉溺于负面的事情。你从你拥有的信息中过滤掉了所有令人安心的事实，并专注于与之对立的琐碎事务。这种忽视积极因素而侧重负面因素的倾向会给你带来极大的困扰。即使存在积极因素，你也会选择远离它们。

比如，虽然医生说我的血液情况正常，但那个略微升高的数值一定意味着我生病了。

▶标签者

你以特别极端和负面的方式全方位地定义自己。这实际上应该被称为"错误标签"，因为当人们陷入这种思维模式时，他们所做的就是将一个属性定义为绝对的事实。

比如，因为我在车上感到头晕，所以我会有晕倒的可能。因为我在开车时感到焦虑，所以我应该放弃开车。

▶个人化者

你在某件事情上添加了过多的个人色彩，这会让你觉得，即使这些事情实际超出了你的控制，或结果不算太糟糕，你也要为已经发生的坏事负责。如果不做点什么，你可能会感到内疚。

比如，你的孩子得了胃病，你责怪自己太过粗心大意。

▶夸大事实者

你相信自己注定要倒霉,一切都会对你不利,而且永远都会如此。如果你注意到一些令人担忧的事情,你会夸大它的影响。

比如,如果你注意到吃生鱼与寄生虫感染有关,你会联想到自己以前吃过寿司,所以体内可能已经有寄生虫了。通过这种夸大,你不会注意到一些重要的细节,比如鱼的种类,以及鱼的处理、储存或烹制方式等其他因素。

▶对焦虑持有积极看法

我的一些患者说,他们对生活中的焦虑感到暗自欣喜,你是否也有同样的想法?你认为焦虑能促使你保持警觉,有助于你做好准备并时刻保持警惕。你认为焦虑是一种有用的策略,是一种应对问题和自我保护的方法。也许你还认为焦虑是一种有价值的工具,是一种预见和保护自己与他人免受潜在问题困扰的手段。然而,与其说焦虑心态是有帮助的,不如说这种心态让你陷入不断担忧的模式,削弱了你的自信心和应对能力。

比如,如果我没有频繁地检查血压,就会错过一些异常迹象。如果我试图摆脱焦虑,灾难就会发生;我没办法摆脱焦虑状态。

让我们来深入探讨最后一个方面。也许你不愿意摆脱焦虑状态，因为你担心承认自己处于安全状态后会招致灾难，引来厄运。你不想停止焦虑，因为你觉得这样做会招致灾难。这种"不想招致厄运"的思维陷阱叫"厄运陷阱"，会让你害怕承认自己是安全的。在这种思维模式里，你持有一种积极的信念，认为焦虑可以保护你免受灾难的侵袭，而事实并非如此。你是如此害怕这种焦虑会停止，以至于你认为，如果不再焦虑，哪怕只有一分钟，你就会陷入灾难之中。

比如，你担心自己患上癌症或心脏病，尽管你很清楚自己很健康。你可能会抗拒承认这一点，因为你担心一旦承认自己是安全的，灾难就会发生。这种抗拒可能源于一种看法，即焦虑是一种邪恶的力量，会惩罚过于自信的你。实际上，认为自己会倒霉本身就是焦虑的表现。如果你不焦虑，就不会觉得自己可能会因为太过自信而招惹灾难。不幸的是，通常情况下，人们会假定他们的焦虑思维是正确的，因此会在焦虑思维的驱使下行事。这样做会加剧焦虑循环，使困境持续下去。

▶你集中注意力的方式

当你害怕时,你集中注意力的方式也会让问题继续存在。自然而然地,焦虑会让你过分警惕,并引导你将注意力集中在令人害怕的事物上。在真正危险的情况下,这是正常且自然的反应。如果处于危险的情况下,你的心智和身体会预先做好准备,探查和关注潜在的威胁。这样做的目的是帮助你的大脑审查、评估和应对潜在的威胁。当然,当经历了没有任何事实根据的恐惧时你并没有任何危险,但你仍然会像身处危险时那样集中注意力。当发生这种情况时,你的注意力会局限在威胁上,这是非常可怕的。假设这个威胁是由焦虑引发的内部感觉,你的注意力就会牢牢集中在这种威胁上面,这将进一步放大焦虑,导致焦虑循环,如下图所示:

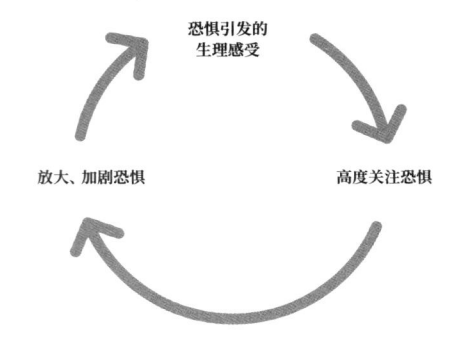

恐惧引发的生理感受 → 高度关注恐惧 → 放大、加剧恐惧

威胁可以来自内部，也可以来自外部。内部威胁通常是焦虑的生理反应：你可能会有一个可怕的想法，这触发了一种感觉，或者反过来，你可能有一种感觉，这触发了可怕的想法。无论是哪种情况，你都会更多地关注这些内部过程。它们与你的注意力之间的相互作用会强化这种感觉，导致焦虑的循环得以延续。外部因素可能指事件、情境或物理刺激。为了帮助你理解，以下列举一些示例(这类例子数不胜数)：封闭的空间、新闻报道、视频、蜘蛛、呕吐和就医等。

随着时间的流逝，当你越来越专注于可怕的事物时，你就会倾向于关注这些事物。这是因为你的大脑认为这些事物可能对你构成威胁。这种认知可能源于你对它们的解读和思考方式，以及与这些思考相关的情绪反应，还有你的大脑如何将这些可怕的事物与以往的记忆联系起来。当你的注意力集中在你害怕的事物上时，你会以不同的方式去观察它们。如果这是焦虑引起的生理反应，焦虑会变得更加清晰和明显，虽然你感到很奇怪，但你会一直注意到它。当你注意到它时，你会感到害怕，认为情况会变得更糟糕，你会变得更焦虑，这将进一步加剧焦虑的循环。

当你的注意力受限时，你还会注意到你害怕的事物，这使得威胁看起来比实际情况更普遍。但这种事情发生的概率并没有增加，只是因为你的注意力集中在它身上，所以才更容易注意到它。因为你越是关注它，就会让它看起来越可怕，它将越有可能影响到你。这也可能引导你去定期搜索你害怕的事物。当你不断搜索时，注意到这些事物的可能性便会随之增加，于是更多的焦虑涌上心头，另一个焦虑的持续循环也随之产生。

我举例说明一下集中注意力是如何滋生焦虑的。假设你在皮肤上发现了一个肿块或疙瘩，于是你开始关注它。你的脑海会涌现灾难性的想法，你开始感受到焦虑的生理反应。你高度关注这个疙瘩，于是你会不停地检查和触摸它，最终导致疼痛和炎症，更放大了这一区域的不适。随着感觉的增强，你的担忧及注意力与日俱增，这加深了你想检查它的欲望，最终导致更严重的疼痛。随着疼痛的加剧，你确信自己有严重的身体问题，所以你继续将注意力集中于此，并对它做出反应，于是导致又一个焦虑循环产生。

转移对害怕事物的注意力,也许是一件非常困难的事情,但这是你必须做到的事情之一。好在本书第五章的内容有介绍如何改善你的注意力集中的方式,不让它加剧你的焦虑。

▶你感受到的感觉

焦虑带来了许多不愉快的感觉,将这些感觉视为焦虑问题的证据会让你陷入恐惧的循环之中。这些感觉及你对它们的错误解释是导致持续焦虑的重要因素。

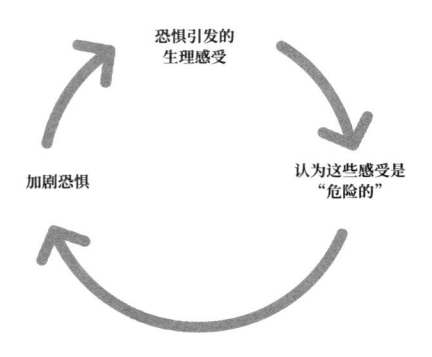

恐惧引发的生理感受 → 认为这些感受是"危险的" → 加剧恐惧

当你感到不舒服时,这通常会触发消极的思绪。这些感觉可能很熟悉,已经持续了几周、几个月,甚至几年。比如说,当你感到呼吸困难和窒息时,你会将它解读为心脏方面的症状。这种解读会加强你的焦虑感，随着焦虑水平的上升，这种感觉会加剧，因为你的身体会以增加氧气需求的方式来应对自己感知到的威胁。这可能会导致你产生这样的想法："我无法呼吸，我会窒息而死，我头好晕。如果我晕倒了怎么办，我是不是心脏病发作了，这是中风吗？我应该怎么办？"

问题在于，你的身体在正常情况下对恐惧产生了生理反应，并出现了身体上的感觉。然而，你认为这些感觉应当引起警惕，这会演变为一种压力的循环。在某些情况下，这些感觉可能会非常强烈、令人不快，以至于你开始害怕自己会再次经历一遍。对这些感觉本身的恐惧会增加你的敏感程度，导致你甚至因为期待它们再次出现而感到兴奋。这种期待会随之引发焦虑，反过来可能导致这种感觉成为事实。

血压也是一个例子。焦虑会导致血压升高，这也是让身体准备好行动的其中一个环节。如果你害怕血压升高，你可能会产生一些可怕的联想，反而会让焦虑水平及血压也随之升高。你可能会担心由于高血压而患上疾病，从而采取一些只会加重这种情况的行为模式。

▶你的情绪

情绪会有无数种持续引发焦虑的方式。首先，许多焦虑患者将他们的情绪视为事实。他们经历了情绪上的痛苦，并且努力忍受这种痛苦，并假设这种痛苦是出了什么问题的明确迹象。事实上，焦虑使你对自己的感觉做出反应，所以你会跟随自己的感觉走，而不是权衡事实。你不是通过自我调节来处理产生的情绪，而是无意中将这些情绪与你的焦虑问题融为一体。比如你害怕身体出现的某种异样感，你对它的持续关注会放大这种感受，你对它的反应会进一步强化这种感受。这反过来让你产生了一种特殊的感受，并进一步印证了你的想法。你认为一定存在什么问题，因为你感到如此害怕，所以一定是有问题。然后，你陷入"我感觉到了，所以一定是真的"的情绪陷阱，这将导致你的焦虑持续存在。在这里需要调节和安抚你的害怕情绪，但实际上，这种情绪被视为有问题的证据，或者影响了其他会加剧焦虑的反应。

你是否曾经因为情绪感受,将毫无根据的焦虑感受视为一种事实?我们可以将这看作一种虚假的情绪警报,由于你的思维已经产生惯性,所以会不断地触发这种错误情绪。

任务3 识别虚假的情绪警报

请在你的笔记本或电子笔记中回答以下问题:

- 回顾过去,你是否经历过虚假的情绪警报?
- 历时多久?频率如何?
- 你大约经历了多少次虚假的情绪警报?
- 你注意到过去虚假的情绪警报是什么模式吗?
- 你能从过去这些虚假的情绪警报中得出什么重复性的信息?

情绪也可以通过制造绝望感来妨碍你的疗愈进程,让你感觉自己被困在一种永恒的痛苦中,好像什么都不会改变或有所好转。如果你长时间与焦虑做斗争,它可能会影响你的情绪,让你感到绝望、悲伤和沮丧。这种情绪状态可能会使你情绪低落，以至于难以克服焦虑。担心焦虑永远不会消失，可能会导致你对未来感到恐惧，使得坚持克服焦虑变得艰难。你越是反复思考这些想法，就越是会陷入消极情绪的旋涡之中，这会进一步削弱你的信心，导致克服焦虑变得更加困难，从而形成一个不断延续的自循环。

对痛苦的承受力较低

我曾治疗过无数对焦虑高度敏感，同时对情绪痛苦的承受力较低的患者。这是一种复杂的混合病症，对吧？一方面，你对焦虑高度敏感（担心焦虑引发的后果），另一方面，你对情绪痛苦的承受力有限。那么，这意味着什么呢？这意味着你会在焦虑发作的瞬间做出反应。由于你难以在反应之前思考，因此很可能采取无效的行动。你也可能会对你当前的问题产生更强烈的反应：你无法忍受它们带来的情绪，想要它们迅速消失，因此你会采取一些虽然无效但却能迅速缓解情绪的措施。

如果想要有效处理焦虑，关键是要学会如何放慢思维，提高情绪痛苦的承受能力。这样，你就不太可能冲动行事，采取无效的解决办法来摆脱不适感。好在你可以通过学习更好的情绪调节技巧来处理情绪上的痛苦，我将在第六章中教你如何做到这一点。

▶**你焦虑时做出的行为**

你在应对焦虑时做出的行为（主要是一些回避行为）也可能会让问题持续存在，因为你试图通过这些行动来避免产生某种感觉或避免发生某些事件。这些行动主要集中在回避不愉快的感觉或回避特定的情境上。这是你在焦虑状态下会做出的行为。高度焦虑的状态令人难以忍受，所以你想通过某种行动来减少自己的恐惧感，这很正常。我理解你为什么会这样做，但最终我们也需要有所改变，因为这对缓解你的焦虑没有帮助。人们可能采取的行为包括以下几种：

- 反复向亲人寻求安慰
- 反复向医生寻求安慰
- 因为认为自己有问题，所以避免看医生
- 在互联网上进行广泛的研究以寻求安慰、答案或确定的答案
- 检查和监测会产生焦虑感的身体部位

- 使用医疗设备、装置或跟踪器来监测身体中的恐惧反应
- 触摸木头或依赖迷信以避免灾难

想要采取行动来缓解焦虑是完全合理的，但当你依赖这些行动来缓解焦虑，以至于你一遍又一遍地重复这些行动就没有意义了。即使你一再采取这些行动，焦虑也不会消失。如果这些行动能有效缓解你的焦虑，你就不需要不断重复了。问题在于，这些行动能够带来短暂的缓解效果，所以你误以为它们有帮助，但从长远来看，它们会让你无法区分实际的危险和无害的事物。当这种情形多次出现后，你就会更加不信任自己的判断，也更加不信任他人，这是因为你的焦虑已经削弱了你区分危险和无害事物的能力。

寻求安慰在控制焦虑方面是一个十分严峻的问题。人很自然地会想要寻求安慰，对于没有焦虑障碍的人来说偶尔这样做也无碍。寻求安慰绝不是一件坏事，但当你过于频繁地这么做时，就会适得其反。寻求持续的安慰还会对你的人际关系产生负面影响。家人、朋友和亲人可能会感到沮丧，因为他们一次又一次地向你伸

出援手，但效果并不持久。这可能会给你的人际关系带来压力，反过来又可能引发自身更多的焦虑。追求确定性是许多焦虑问题的核心，但这些问题本身通常难以回答。不幸的是，焦虑所渴求的确定性只是一种徒劳的追求。从他人那里是无法寻求到确定性的，它会持续加剧焦虑。

患者案例：莎拉的寻求安慰行为

莎拉会让她的丈夫帮她检查各种事情，尽管她自己已经检查了三次以上，而他也已经检查了不止一次。她的丈夫尽力帮助她，但无论为她检查多少次，她很快就恢复到原来的焦虑状态。这让他们的夫妻关系变得十分紧张，最终，他们的感情破裂了。

在应对焦虑时，你可能在最开始就尝试过寻找合乎逻辑的解决方案来处理问题了。然而，这些解决方案现在或许已经成为问题的一部分。你可能认为你采取的这些行为是应对焦虑的最佳方式，但却在无意中通过这些行为加剧了你的焦虑。采取这些行动会让你觉得自己在一定程度上能够控制局面，增加了一种确定性的感觉。起初，这种确定性的感觉似乎能够有效缓解焦虑，让你感觉好像情况在掌控之中，然而长期下来，这种依赖可能导致你对恐惧的担忧不断加剧，最终增加了你的痛苦。只要记住一点，你不断重复的任何事情都是没用的，这种解决办法宣告无效；如果它有效，你就不需要如此频繁地重复同一件事了。当你阅读这本书时，你会逐渐发现，与你一直以来的做法相比，其实还存在更好的处理方法。

回避

就像寻求安慰，以及前文中常见焦虑诱因的项目列表中提到的其他行为一样，回避可以让你立即从焦虑中缓解，它是一种快速的应急措施，但它会引发一系列其他问题，加剧你的焦虑。回避似乎有用，因为它让你远离可怕的情境，谁会想体验更可怕的情境呢？我可以理解回避和逃避是应对痛苦的一种自然反应，然而回避事物或情境会让你的思维内化一个信息，那就是你没有应对焦虑的能力，那你就永远没有机会学会应对的方法，因为你选择了远离的方式。比如说，你因为曾经在高速公路上惊恐发作，而避免再次在高速公路上开车。由于你的回避态度，你将永远不会有机会重新学习如何开车上高速。然而，其实你是有能力应对的，你不必总是陷入恐慌，你可以重新建立信心。

安全行为是人们采取回避态度的另一种方式，依赖安全行为可以帮助你应对引发焦虑的情境。依赖心理包括：必须始终有人陪着你，从不在他人面前说话，或总是坐在靠近出口的位置。有人可能愿意离开家，但这种情况只发生在有固定某个人陪伴出门时，或者他们只走固定的路线或随身携带特定的物品。这种提前准备和依赖是一种回避的形式，因为你正在用其他东西来帮助你应对，从而回避你的恐惧。我需要再次强调，这样下去，你永远都学不到应对的方法，更糟糕的是，你对自己的应对能力的信心也会被进一步削弱。

有时，人们会依赖药物和酒精来对抗他们的焦虑，试图让自己麻木。酒精有镇静作用，它抑制了你的神经系统。有时候，人们说他们在喝了一两杯酒后感觉更平静，感觉酒可以帮助他们暂时忘记恐惧。但你可能会沉迷于酗酒，因为你的身心逐渐适应了酒精带来的短暂安慰效果，它能让你感到平静。通常，在次日清晨你才会感到不适，甚至整个第二天都不在状态，此时会出现更加焦虑的戒断症状。酒精会降低你体内5-羟色胺的数量，5-羟色胺是一种神经递质，会让人感到兴奋。因此，如果你缺少这种物质，随着时间的流逝，你会感到更加焦虑。你可能已经注意到，随着酒精效果的消退，你的状态会变得更糟，第二天你的"宿醉焦虑"会更加严重。加重的焦虑感可以持续数小时，甚至一整天或两天。当你处于这种高度焦虑的状态时，你会感到更加恐惧，你的睡眠将会更加紊乱，疲劳感会让你感到力不从心。就像其他回避策略一样，酒精妨碍了你应对焦虑的能力。此外，如果你陷入被物质或酒精麻痹焦虑的循环中，还可能导致成瘾问题。如果你担心自己的饮酒问题或对其他药物的误用，请咨询医生，寻求进一步的支持。

任务4 我对焦虑的反应

你的思维模式、注意力集中方式、对感觉的解读方式、情感,以及采取的行动,包括回避、你对压力的承受能力,尤其是如果你的承受力较弱,就会一直处于焦虑之中。在这项任务中,我希望你能反思每个因素对你产生了什么影响,以及你对焦虑有何反应。这将有助于你了解自己正在做什么,以及如何控制你的焦虑问题。

从你的思维方式来看,让我们花几分钟来考虑是什么让你一直深陷困扰、止步不前。请再次使用你的笔记本或电子笔记来记录这些问题。

- 我越是关注我身体中的恐惧感,就越能觉察到它们的存在,这种感觉似乎就越怪异。

  是/否

- 专注于我身体中的感觉会放大这种感觉。

  是/否

- 随着感觉的增强,我对它们的担忧也会增

加。是/否

- 当我越发担忧这些感觉时，我渴望更多地关注它们。是/否
- 对感觉的过分关注让我陷入恶性循环。是/否
- 我被"我感觉到了，所以一定是真的"的情感陷阱所困扰，认为这种痛苦感预示着什么地方有问题。是/否
- 我对焦虑有种不加思考的瞬时反应。是/否
- 快速冲动的反应使我采取无用的行动，最终加重了我的焦虑。是/否
- 我对我经历的问题反应迅速，因为我想让它们消失；我不能忍受随它们而来的感觉。是/否

列出你用来管理焦虑的方法，记录下你使用这些策略的时间长短，并反思它们在解决你的焦虑问题方面的有效性。

理解焦虑的 10 个要点

1. 认识到理解焦虑的重要性，它是克服焦虑的基础。在搞清楚发生了什么，以及为什么你会被困扰之前，你无法解决任何问题。

2. 开始努力理解你的焦虑，这是收获平静的第一步。

3. 认识自身的焦虑是每个人都会经历的正常体验。你要认识到，当你在没有实际危险的情况下持续感到焦虑，而且你的焦虑已超过正常范围时，焦虑就会演变成问题。

4. 认识到你的恐惧传递途径起源于你的大脑，它负责检测潜在的危险。它对威胁的信号非常敏感，并将传入的信息与过去的记忆进行交叉参考。有时，它会与你可能已经形成的记忆进行关联，无害的事件也可能被视为有威胁的事件。

5. 了解压力状态下会出现的三种反应：战斗、逃跑和僵住。战斗意味着通过具体的行动应对威胁，逃跑意味着逃离情境，而僵住则是由恐惧引起的静止状态。

6. 认识到理解伴随焦虑而来的心理和行为变化

对于有效管理焦虑至关重要。了解这些变化将有助于更好地管理它们。

7. 了解焦虑可能会在你的身体中引发各种不适和可怕的生理反应。认识到这些感觉是你的身体应对压力的自然反应，并学会辨别你个人可能产生的生理反应。

8. 认识到即使没有直接威胁，轻度焦虑或中度焦虑也可能持续存在。通过识别加剧你焦虑的具体内部诱因和外部诱因，你可以更加了解自己的反应，并更有效地应对它们。

9. 焦虑的发展可以归因于焦虑的气质、个性风格、创伤经历、家庭史、情境事件和生活压力等各种因素。有时候原因可能是未知的。无论焦虑的原因是什么，重要的是专注于发展有效的焦虑管理策略。

10. 了解你的思维方式、注意力集中方式、对感觉的解读、情感和行动，包括回避方式，都有助于控制你的焦虑。缺乏抗压力可能会加剧焦虑症状。

嚼口香糖

嚼口香糖可以很好地缓解焦虑！它不仅能让你感到更平静，还可以提升认知功能，尤其是焦虑思维的管理能力。当你嚼口香糖时，焦虑产生的紧张能量便有了释放的途径，这也有助于缓解你的下颌、喉咙和颈部的紧张感。此外，由此增加的血流量可以提高你的注意力、记忆力和回忆能力。难怪学生、运动员和军事人员都靠嚼口香糖来提高他们的思维能力。如果你想尝试嚼口香糖的方法，请确保里面不含糖和咖啡因，以避免在焦虑不安时摄入额外的兴奋剂。

第二章

如何以不同的方式对待焦虑

现在你应该对自身的焦虑有了全面的认识，让我们继续探讨如何以不同的方式应对焦虑。本章将围绕着灵活思维和接纳这两个核心技能，教你如何以全新的方式去管理自己的焦虑。作为帮助你克服焦虑的众多技巧中的第一步，它们将赋予你力量，让你不再与焦虑对抗，而是将注意力转向改变你与焦虑的关系上。我们可以将接纳和灵活思维视为与焦虑相处的新方法，简单地觉察它是什么，即一系列的想法、感受和生理反应。通常情况下，正是对焦虑的关注和抗争，以及想要控制它的欲望，才是痛苦的主要原因，焦虑本身并不会让人感到痛苦。改变与焦虑的关系，意味着在对待它，以及对待生活的方式上都要更加灵活，同时也要提高对自身内部不良体验的接纳。

一成不变，终将原地踏步。尝试新的焦虑管理方法，最初可能会让你感到不适、陌生，甚至困难。但只要有毅力和决心，你就能成功。如果你反复尝试以相同的方式解开鞋带上的结，最终只会得到一个死结。但如果你采用不同的方法，从不同的角度拉扯鞋带，或者使用工具来帮助解开绳结，你就可以让它松绑，最终解开这个结。管理焦虑情绪和感受亦是如此。尝试新的方法，你就能解开焦虑的死结，获得你想要的解脱。

当读完本章时，你将确切地了解接纳和灵活思维是什么，它们为什么能够帮助你应对焦虑，以及最重要的是如何实践这两个技巧。这本书的宗旨就是告诉你如何去实践我告诉你的每一件事，因为有时候（实际上经常这样）只知道概念是不够的，我们需要向读者示范具体的做法。

什么是灵活思维

灵活思维的本质，在于你拥有全新的视角看待世界的能力。这是一种更加开放、不拘泥于固有模式的思维方式，而非固执己见、一成不变地遵循着一条毫无进展的固定路径。当焦虑袭来时，你能认识到可以有多种方式来应对它，你可以选择以灵活的方式行动。这意味着你不再受控于思维或情绪，而是带着灵活的态度，朝着你渴望的方向不断前进。你的最终目标是迈向远离焦虑困扰的生活，抵达充实而平静的彼岸。与许多饱受焦虑折磨的人一样，你可能会感到沮丧、厌倦，对生活失去兴趣，几乎放弃了一切努力来缓解焦虑，因为你认为它们不会奏效。或者你深信自己无能为力，因为你被这个令人沮丧的问题所束缚。这就是缺乏灵活思维的表现，也正是我们想要摆脱的。

灵活处事是构建10倍的平静心智工具箱的关键一环。本书中的许多技巧会帮助你跳出焦虑的思维框架，思考替代性的行动或反应方式。当你能够考虑以不同的方式回应时，就可以从不同的视角看待问题，选择不同的方式行动，而不是被焦虑所固化或支配。焦虑往往会驱使你采取不利于克服问题的行动，而培养能够指引你走向另一条道路的技能，才是摆脱焦虑的途径。

灵活思维是指以更有效的方式接受和适应与焦虑相关的挑战性体验的能力。它意味着以适应性的方式思考，而不是固执己见，并考虑多样化和有建设性的行动，更不是依赖于固定和无效的方法。当你在管理焦虑时，培养灵活运用技巧的能力可以形成一种带来显著改善效果的超能力。接受以不同的方式来处理和应对焦虑可以产生颠覆性的影响。

缺乏灵活性，意味着你无法充分意识到自己的行为，以及这些行为如何加剧你的焦虑。相反，在应对焦虑时，练习灵活性会帮助你意识到自身在焦虑思维和情绪下行为造成的影响。这种自觉意识给了你选择的机会：你可以退后一步，思考如何处理困难的思维和情绪，选择远离焦虑的困扰，或者越发陷入焦虑的困境。请观察下方的图表，值得注意的是，每一个触发焦虑的情境、思维和感觉都提供了一个选择机会，让我们可以决定如何解决焦虑问题。你可以选择采取行动来远离焦虑，结束你与焦虑的斗争，也可以采取行动来回避焦虑，以免陷入更深的痛苦和焦虑中。

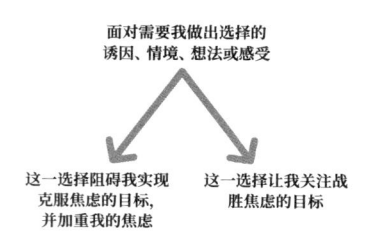

面对需要我做出选择的
诱因、情境、想法或感受

这一选择阻碍我实现克服焦虑的目标，并加重我的焦虑

这一选择让我关注战胜焦虑的目标

当你掌握了灵活的思维方式，就能避免与无意义的内心体验进行无谓的抗争，无论这些体验是想法还是情绪。这种抗争只会让你离目标越来越远，并将你困在原地，陷入更糟糕的境地。你为控制或管理焦虑而采取的措施是否真的能帮助你克服它呢？我见过的所有焦虑症患者都在做一些无用功，他们无法驱使自己朝着真正希望的方向前进。当我观察他们的情况时，这一点十分明显。因为随着时间的流逝，他们的焦虑问题变得越来越严重。如果你目前正在做的事情和你尝试过的所有方法是有效的，那么你应该感觉状态更好，而不是更糟。如果情况越来越糟，那么你可以确信自己正在采取的措施会让你远离战胜焦虑这个目标。

患者案例：索菲的恐惧体验

36岁的索菲，在经历了父亲心脏病发作后变得极度恐惧。这种与日俱增的恐惧引发了她体内强烈的焦虑生理感受，尤其是她的心脏。索菲变得过度关注心脏的生理反应，她注意到自己心跳加速，在胸腔内剧烈跳动，胸闷，会有不规律的心跳。索菲每天都觉得自己会心脏病发作，事实上，她会暗示自己"今天心脏病就会发作，我能感觉得到，我就是知道"。当然，她看过医生。实际上，她看过几位医生，每一位医生都得出同样的诊断结果：她的心脏没有问题，她只是太焦虑了。尽管有了医生的保证，但索菲仍然过分关注这些生理反应。她经常用智能手表监测自己的身体状况，还买了一个血氧仪和一个血压计。索菲无法停止关注自己的身体，也无法停止思考她的心脏病随时可能发作的可能性。索菲不再锻炼，不再外出，性格变得孤僻，最终甚至很难走出家门。

索菲的最终目标

医生告诉她，她需要在医生的帮助下应对焦虑，而不是不停地进行心脏检查。索菲来找我寻求帮助，我问了索菲很多问题，包括：

1. 你想要达到什么目标？

2. 你认为是什么阻止了你达成这个目标?

索菲希望这些焦虑的感觉能够消失,她希望回到父亲心脏病发作之前的状态。你认为是什么阻止了她实现这个目标?

答案是:缺乏灵活思维。

索菲深陷困境,无法实现自己的目标,其根源在于她应对问题的思维模式过于僵化:

● 被思维盲目操控,不加质疑地任由其主宰行动。

● 将自己的思维和感觉视为绝对真理。

● 不考虑任何其他选择。

● 采取的应对方式,如检查、逃避、退缩和过度聚焦自我,只会加剧焦虑情绪。

● 与现实脱节,将自己投射到想象中的未来灾难之中。

● 停止一切有意义和愉悦的活动。

● 无法正视自己的焦虑问题,但仍然希望摆脱它。

● 缺乏应对问题的灵活性,一再重复着相同的错误模式,最终陷入痛苦的循环中。

索菲的治疗计划侧重于培养和练习灵活思维。这包括有意识地做出选择来减少焦虑，并参与有意义的活动，即使身体感到不适。

索菲的灵活思维培养之路

以下是索菲练习灵活思维的方式：

● 时刻谨记自己的最终目标是获得平静，摆脱焦虑的困扰。

● 只要一有机会，就做出有意识的选择，朝着自己的目标前进。

● 远离那些会产生焦虑、维持困境的事物，如检查、逃避、退缩等。

● 活在当下。即使面对焦虑症状，也要重新参与各项活动，与人互动。

● 为难熬的经历腾出空间，同时坚持做有意义和有帮助的事情。

我向索菲展示了如何将部分固化的行为模式转化为更为灵活的应对方式，并解释了其中的益处。

固化模式：因为这个问题，我什么都不能做。我甚至不能和朋友出去散步，我会一直想着我的焦虑，这些心悸的感觉真是让人受不了。我宁愿待在家里。

灵活模式：我正在经历这些可怕的焦虑。我感到胸闷紧张。我以前经历过，我了解它，对这种感觉很熟悉。我要和朋友出去散步，然后看看自己感觉如何。即使待在家里，我仍然会面临同样的问题，所以我还是去散步吧。

请注意，这两种情况都会带来一定程度的痛苦，但第一种情况通过回避将索菲推向更严重的焦虑，从而加剧了这种痛苦。与此同时，第二种情况承认了焦虑带来的痛苦，但没有使它恶化，也没有加重她的焦虑问题。在这里，她实际上已经摆脱了焦虑循环。此外，索菲还可以参与有意义的活动，这将使她远离焦虑的纠缠。这种做法让她活在当下，为她带来了另一种体验，而不是过度专注于焦虑，并帮助她淡化了一部分的自我关注意识。以下是这两种选择：

1. 避免和朋友出去散步真的有助于解决我的问题吗？答案是否定的，它只会使问题变得更糟，因为我会更多地受控于自己的思维和感觉。

2. 出去与朋友散步是否真的有助于解决我的问题？问题暂时还无法解决，但我可以通过不同的方式减轻它的影响。采用更灵活的应对方式，我正在远离焦虑的掌控，而非向它屈服。

我希望索菲的故事能为你提供一些关于灵活思维的实用见解。采用更灵活的应对方式，你是否能够意识到自己将会更加清醒，将会更加关注自己的行为？你应当牢记自己的最终目标，并朝着那个方向迈进，而不是被情绪和可怕的思维所左右，它们永远不会将你引导至有意义的方向。正如索菲的例子所表明的，为了实现目标，你必须愿意经历，或为艰难的体验腾出空间，这意味着即使在感到痛苦的时候，你也要采取有助于解决问题的行动，因为痛苦无论如何都会存在，至少目前是这样。

深入了解焦虑的固化模式如何影响你，这一点至关重要。这是迈向灵活自如的第一步。这份理解将引导你努力去改变它。为了帮助你做到这一点，这里有一个简短的练习。

任务5　你有多么刻板？

请思考以下问题，了解你的焦虑情绪如何导致你以刻板的方式做出反应。

- 我任由不安的思维和情绪来引导我的行动和选择。是/否
- 大多数时候我听从焦虑对我的暗示，并在焦虑的驱使下行事。是/否
- 回顾过去，我用来对抗焦虑的举措加剧了问题的严重程度。是/否
- 面对焦虑，我总是急于求成，试图通过即时的行动将其赶走。是/否
- 我每日的抉择，皆源于对未来灾难的预想。是/否
- 面对焦虑，我的应对方式始终如一。是/否

每个"是"的回答都可能是刻板的迹象，而你回答"是"的次数越多，你的刻板程度就越高。虽然这不是一个正式的测试，但它可以让我们大致了解你需要在多大程度上努力提高自己的灵活性。

易焦虑的人往往表现出刻板的行为模式，将会加剧他们的焦虑问题。在任务5中，即使你表现出高度的刻板行为也不必担心，这对于焦虑者来说是常见的体验。高度的灵活性和焦虑问题是相互排斥的，前者会阻止后者的产生。任务5的目的是帮助你识别自身可能存在的僵化、刻板的应对模式，从而促使我们努力做出改变。没有人天生具备应对问题的完美方法，这些技能也并非总是会被直接传授给我们。我们将重点关注如何从刻板走向灵活，学习并掌握这一重要技能。

下表列举了应对焦虑的两种方式——刻板的方式和灵活的方式，旨在鼓励你探索不同的应对方法，帮助你转换视角，并采取不同的行动方式。我建议你逐一评估这些示例，并结合自身经历进行反思，记录在焦虑情境中。如果你能够更加灵活地应对，你会采取哪些不同的行动？这个表格可以作为你生成新策略的参考。

应对焦虑的不同方式

刻板的方式	灵活的方式
没有留意最终的目标,导致行动偏离方向,无法达成目标。	写出你摆脱焦虑的最终目标,每天阅读,时刻牢记于心。你可以将其张贴在墙上,或者将其保存为日历提醒或备忘录。
面对焦虑情境,以情绪为依据做出行动决策。例如:"想到被拒绝,我便会感到极度痛苦和沮丧,甚至认定自己是个失败者。""我真的很不对劲。"	承认社交场合在很大程度上会让你感到不安和焦虑。提醒自己,你仅仅感受到了某种情绪,但并不意味着就是事实。记住,你的选择可以帮助你朝着目标前进,也可以使你远离这个目标。
将思维作为行动决策的指南。例如,当你产生焦虑的想法时,你会决定再次测量血压。	你的思维并不是原原本本的真相。记住,焦虑的思维只会一遍遍重复相同的话术。你不需要听从思维的指导。可以选择不再测量血压,因为你知道这只会将你推向深渊,而不是摆脱困境。
当思绪、情感或感受令你心生不悦时,你会冲动行事。	与其冲动地做出反应,不如先承认这种冲动,然后再做其他事情,比如进行呼吸练习,或是专注当下。待时间流逝,重新审视自己,你会发现自己强烈冲动的情绪已然发生变化。

续　表

刻板的方式	灵活的方式
"试着做这些都没有意义,没有用的。我只知道我不会好起来。"	"我正在探寻自我提升之道,并将其付诸实践,朝着这个目标不断迈进。"
"今天一定会发生非常糟糕的事情,我能感觉到,我能预感到。我注定要倒霉了,我没救了。"	"脑海中又浮现出那段熟悉的剧情,它一遍遍地重复,让我对自己产生怀疑。此刻,一切安好,我并没有倒霉,但我却很焦虑。与其用言语恐吓自己,加剧内心的不安,不如采取行动,寻求缓解焦虑的方法。"
"我需要密切关注这些惊恐的感觉,了解它们会带来什么影响。我不能将注意力从它们身上移开,我会定期检查它们。"	"沉浸于这些感觉只会令我陷入恐慌的旋涡,无法真正解决问题。我会将注意力转移到其他事情上——那些能够吸引我、令我着迷的事情上;我的心灵值得拥有这样的慰藉。"
"焦躁不安时,我不能进行任何锻炼或活动,更别提一日游或度假了。即使去了,我也不会享受其中,这没有意义。"	"无论是否在家,我都会感受到这种痛苦(暂时如此)。至少当我离开家时,我不会因为逃避和持续地专注于这种感受而加剧这种痛苦。"

什么是接纳

相信你一定听过类似"你只需要接纳它"或"关键在于接纳"的说法,但这些模糊的短语到底是什么意思?我们又该如何做到呢?我将以简单的方式告诉你我理解的接纳是什么,它为什么如此重要,以及如何去实践它。

焦虑就像你与焦虑的想法、情绪和感受进行拔河比赛,你拉着绳子的一端,而它们拉扯着另一端。你拉得越用力,那些想法、情绪和感受就越强烈,仿佛你陷入了一场难以摆脱的战斗。所以,问题的关键在于,试图对抗这些想法、情绪和感受只会强化它们,使它们变得更强大。因此,它们对你的控制力不断增强,导致你试图更加用力地拉绳子,就像一场永无止境的拔河比赛。相反,你可以学会接受这些焦虑想法、情绪和感受的存在,而不让它们控制你。你可以选择不参与这场比赛,将精力集中于构建更自信的应对能力,以更从容的姿态面对焦虑的想法、情绪和感受。

接纳意味着你有意识地觉察正在经历的一切,并允许它存在。接纳帮助你学习如何为痛苦的想法、情绪、感受和内在体验腾出空间，让它们得以安放(至少暂时如此，因为它们确实存在)。你不可能随随便便就将它们清空，它们不会就此原地消失。尝试摆脱负面情绪的影响似乎听起来不错，毕竟谁愿意忍受不好的感觉呢？我相信你曾尝试过逃避、远离或抗拒焦虑。你努力尝试消除或抑制焦虑的想法或体验是否有助于你克服焦虑呢？抑或这些努力最终都只是徒劳，反而加剧了自己的焦虑呢？

试图摆脱焦虑，实则是另一种形式的逃避，而接纳则是与逃避截然相反的态度。焦虑的背后，往往伴随着逃避。逃避意味着，你无法正视那些令你感到不适的想法、情绪和感受，并试图通过各种方式逃离它们。然而，长此以往，这种逃避行为会带来更为消极的后果。当你执着于逃避，便会陷入困境，正如第一章里所言，逃避是焦虑最强力的助推剂。在我的临床经验中，逃避也是维持焦虑的罪魁祸首之一。一味地试图摆脱痛苦只会让痛苦更加严重，因为你将全部的注意力都放在与痛苦的抗争上，反而将它变成了更棘手的问题。你不得不与这个难题抗争，陷入不断的反复之中，却始终无法得到任何改善。另一种选择是接纳痛苦，但这并不意味着放弃、屈服或认同痛苦。接纳意味着承认痛苦的存在，并允许这些经历如其所是地发生，因为它们本就存在。

接纳并不意味着你必须喜欢你正在经历的一切。你愿意接受焦虑，并不意味着想要保持焦虑或对恐惧感到满意，而更多的是侧重于"我愿意接受焦虑，因为它真实地存在于我的身体之内"。焦虑只是一种感觉，而感觉仅仅是感觉而已。当你能够接受你的感觉和想法时，你就不再需要与它们进行心理拉锯战。你会有意识地选择以不同的方式看待它们，并与它们互动，因为这符合你的最终目标。接纳焦虑可以帮助你从焦虑的挣扎和抗争中解脱出来，获得一种开放、接纳的心态。接纳是练习灵活思维的最佳方式之一，它是克服焦虑的一种方法。接纳将帮助你克服焦虑。接纳是疗愈的必要条件，有助于你承认自己的痛苦，为这种痛苦腾出空间并进行处理。

允许自己只是体验一下焦虑，无须试图控制或消除它，静静地感受，让时间流逝。这个过程所需的时长因人而异，但我们不需要无限度地花大把时间来改善焦虑的状况。有些人可能会在几周内看到进展，而其他人可能需要几个月，甚至更长时间。注意，要保持积极乐观的态度，并积极实践本书中推荐的策略。

接纳焦虑的关键原则

1. 接纳你的痛苦意味着学会为它腾出空间，允许其存在，而不试图去控制它。

2. 焦虑是一种人类情感，应当以理解、善意和开放的态度去接纳它。

3. 接纳意味着承认你必须暂时与焦虑共处，而不是不断试图抵抗、逃避或摆脱它。

4. 承认你的神经系统已经习惯了以这种方式应对压力。

5. 承认改变自己习惯性的神经系统反应需要时间，这不是一蹴而就的过程。

6. 承认在你努力康复的过程中，焦虑会一直存在。

7. 承认世界上没有快速解决方案这一事实，但解决方案一定存在。

8. 承认你有能力和决心在自我改进的过程中让时间慢慢治愈你。

有时候，格言警句能够启迪我们的思想，激励我们从焦虑的困境中走出来，接受焦虑的存在。我最喜欢的一句格言是"如果你不愿意拥有它，你终究会拥有它"。这句话的意思是，如果你抗拒或否认一种煎熬的情感或内在体验，那么它将持续存在，甚至恶化。你必须接受煎熬的情感和令人不适的内在体验，它们是生活的一部分。接受并承认这些情感的存在，你将能够更有效地管理它们，并且在日后不会轻易地触发它们。承认煎熬经历的必然性和现实性，并寻找合适的应对方式，才能让我们在逆境中前行。我们需要承认这些煎熬情感的存在是不可避免的，有时，我们所能做的就是勇敢地直面它们带来的不适。在这一过程中，我们的主要对策是不对它们做出反应，不受它们的控制或支配。当你采用这种处理问题的方法时,情感痛苦就会逐渐消失,随着时间的流逝,你会注意到它们消失得越来越快。

任务6 我的接纳确认声明

根据上文列出的关键原则,请写一段简短的声明,详细描述你个人的接纳确认事项,内容包括你认为可能塑造或引发自己焦虑的因素、焦虑让你恐惧的事情,以及焦虑对你来说是什么样的感受。注意那些进展不顺的事情,并接受随着时间的流逝你会慢慢好起来这一事实。

我来提供一个参考示例:

自从那段感情破裂后,我感觉一切都不一样了,生活变得非常难熬。我感到焦虑和恐惧,这似乎也合情合理。这场突如其来的变故令我措手不及。我只是个普通人,难免会受伤。我可以接纳这份疼痛。因为这些事情,我的身心难以平静,这也是可以理解的。我承认自己的焦虑。我承认我的身体现在对某些焦虑诱因产生恐惧反应。我承认恐惧带来的各种感受。我承认神经系统需要时间来疗愈这一事实,我承认自己不能一下子把一切都关闭。我也承认,这些感觉会随着我恢复正常而消失,神经系统会从恐惧状态转变为平静状态。我接受眼前的情况。

我在这里提供的示例相对较长,旨在帮助你了解你可以考虑的各项内容。你的实际文字可能会更短、类似或更长,这都没有问题。你可以挑选出一两个重要的句子记忆或记录下来,以便在需要时尽快回想起来。

一旦你写下这一声明,以及从中提炼出简短而有力的要点,请尽可能每天阅读它们。将它们放在显眼的地方,或者设置提醒,让它们在不同的时间段弹在你的手机屏幕上。每当你感到焦虑、困惑或不知所措时,请看一看它们,这将帮助你学会接纳,与自己共情,理解自身的经历并对此持开放态度。学会接纳后,你可能不会像以前那样冲动行事。如果愿意,你可以在一天内多次阅读你的声明。在感到怀疑和压力时，你可能需要更频繁地阅读它们。

你可以将自己朗读的音频或视频录制下来，这样你就可以选择听，而不是读。我的许多患者都喜欢这个办法，因为还可以在背景中播放你最喜欢的舒缓音乐，让你的心情更加愉快。听到并看到自己说话时，你会感受到一种真正的力量，试试看吧，看看它对你的效果如何。

接受焦虑的存在并灵活应变，投入生活中那些对你而言意义重大的事情上，比如你的兴趣爱好、人际关系、工作和个人成长。即使当你被不安的想法和情绪所困扰时，也要尽力参与那些对你有帮助的活动。记住，如果你不参与这些事情，你的痛苦就可能会持续下去，甚至随着时间的流逝而加剧。即使情况没有变得更糟，它也可能让你陷入焦虑的状态中，停滞不前。积极投身有意义的活动和你重视的事情中，最初可能需要付出更多的努力，但这不会加剧你的焦虑，让情况恶化。

陷入困境该做些什么

虽然理解接纳和灵活思维的原则至关重要，但仅仅拥有这些知识可能还不够。当这些原则似乎无法奏效时，我将提供一些解决方案。即使你正在积极地练习接纳和灵活思维，你的大脑仍然可能会呈现出你已经习惯的痛苦想法、感受、画面和情境。在这种情况下，选择一个应对这些体验的策略则尤为重要。

面对焦虑的体验，我们有时会感到难以接受，因为我们可能会深陷其中，并相信焦虑对我们的暗示。然而，如果我们不接受这些感受，就会难以灵活应对，因为焦虑会主导我们的反应。在这种情况下，你可以使用一些技巧，帮助你跳出焦虑的体验，避免过度认同它们，避免将它们视为绝对的现实。其中有一种技巧基于解离、创造距离和分离，它能够让你认识到你无法了解自己的思维，你的思维也无法反映真实的自己。

我们的思维，总爱向我们呈现各种各样的故事，其中一些故事反复出现，挥之不去。这些故事或许带着评判和偏见，或许并不准确，甚至将我们带入歧途。而这些正是我们想要摆脱的。思维帮助我们理解自己的经历，但这个过程可能并不可靠，可能会出现错误，编织出令人不安的叙事。重点在于，我们需要记住，思维所讲述的故事往往是主观的，并不代表客观真理。那些最个人化、最成问题的叙事，往往是我们过度依恋的。我们在脑海中一遍遍重复它们，最终将它们视为自身的一部分。你是否曾体验过这样的经历？你能否回忆起那些反复对自己讲述的故事，并将它们视为自己的一部分？

我们的思维，总会在各种原因的驱使下重复讲述不同的故事。这些故事，可能是源于过去的经历，也可能是因为过度关注焦虑的想法，抑或是因为情绪反应的加剧，或是习惯性的倾向。无论原因如何，问题的关键在于，我们需要接受，这是一种正常的思维功能。很多时候，问题并不在于思想本身的内容，而在于我们与这些思想的关系。

"感谢你的思维，为故事命名"是一项解离练习，可以帮助你从痛苦的内在体验中脱离出来。解离是一种将自己与这些痛苦的内在体验分离的心理过程。它意味着承认这些痛苦的内在体验的存在，且不让自己陷入其中，或让它们控制你的行为。除了命名和承认那些难以言说的故事或叙事之外，你还可以降低它们的可信度。解离不同于分离或解析，因为它不包括完全移除或压抑你的痛苦，相反，它侧重于与你的内在体验建立一种更为灵活的关系。解离不仅可以帮助你更加关注当下，还可以带来更高程度的心理灵活性，促使你采取更有效的行动，朝着你想要的结果迈进。

任务7　感谢你的思维，为故事命名

当你的思维向你呈现与焦虑相关的故事，并试图将你拉入其中时，请按照以下步骤行事：首先，感谢你的思维做出的贡献，然后标记你正在经历的故事，例如"谢谢你，我的思维，谢谢你向我提醒你的看法，这是'我又要晕倒了'的故事"。

我建议患者在条件允许的情况下，大声说出这句话，但如果他们在公共场所，也可以在心里默念，还可以将它写下来，这样有助于识别重复出现的故事模式。

当焦虑的念头纷至沓来时,请将它们视为思维的产物,感谢你的思维作出的贡献,为每个故事贴上标签,然后顺其自然。如果它们在脑海中不断盘旋,不必抗拒,只需将注意力转向你更愿意做的事情上。以下是一些常见的故事示例:

- 看,"我会生病"的故事又来了。
- 这是"我出了什么问题"的故事。
- 那是"每个人都在看着我,并评判我"的故事。
- 那是"我会心脏病发作"的故事。

通过运用本章讨论的技巧,你可以学会更加灵活地管理焦虑问题，减轻自身的痛苦。当你深陷焦虑的泥沼，被它虚构的恐惧所蒙蔽时，承认它的存在也许并非易事。然而，学会运用这些策略，试着从焦虑的体验中抽离，你将与自己的思维保持距离，并最终认清它们无法定义你的本质。在前进的道路上，坚持定期练习接纳和灵活思维这一点至关重要。即使最初充满挑战，你也要坚持尝试。如果发现自己再次落入熟悉的焦虑陷阱，请你花点时间反思一下，从灵活思维和接纳思维的角度来看，你可以采用什么不同的方法来解决焦虑问题并从中吸取经验教训，再次尝试。日复一日，你将强化和培养自己的接纳心态，并且更加熟练地使用灵活的替代方法来管理焦虑。

应对焦虑的 10 个要点

1. 承认你的思维和情感，不予评判，也不照单全收，培养接纳和灵活思维。退后一步，客观地审视它们的本质，你将获得更全面的视角，做出更明智的决定。

2. 承认焦虑是自身体验中自然而合理的一部分。你可以学习接纳来减少内心的冲突和抵触，而这些往往会加剧焦虑症状。

3. 更加灵活地面对和应对焦虑。以灵活、开放的态度对待你的焦虑思维、情感和生理反应。通过拥抱灵活思维，你可以制定更有效的应对策略，并学会以更松弛的心态来应对焦虑所带来的挑战。

4. 尽力放下控制或回避焦虑的需求。通过尽量放松控制或放弃回避焦虑来实现这一点。

5. 某些应对行为实际上可能会加重你的焦虑。与其依赖这些行为来获得短期缓解，不如将时间和精力投入制定持久有效的策略中，这样你就可以学会以更可持续的方式管理焦虑。

6. 不要将回避作为应对焦虑的机制。回避也许能减少或消除令人痛苦的经历，为你提供短期缓解。但从长远来看，它实际上会维持甚至加剧焦虑。

7. 注意你对焦虑感觉的反应，以及这些反应对你的焦虑和整体身心功能的影响。这将使你清楚地看到，你的反应是否有助于你解决焦虑。

8. 即使不必要的焦虑袭来，也要重新参与你一直回避的积极事物。

9. 始终牢记你的最终目标，以及阻碍你实现目标的因素。

10. 尽管焦虑存在，但继续参与对你生活有价值的活动非常重要。焦虑可能会持续存在，但投身有意义的活动可以减轻焦虑对你的生活所造成的影响。

品味薰衣草香

薰衣草真是太不可思议了！它不仅拥有令人陶醉的美妙香气，还可以缓解焦虑，是放松身心的绝佳选择。许多研究已经探讨了薰衣草在减轻焦虑方面的潜在益处。一项随机对照试验发现，薰衣草油胶囊可以减轻广泛性焦虑障碍患者的焦虑症状。15项随机对照试验的分析结果也表明，薰衣草芳香疗法在降低焦虑水平方面具有显著的统计学效果。另一项研究表明，仅仅吸入薰衣草油10分钟就足以显著降低焦虑水平。薰衣草通过调节人体对压力的自然反应来帮助减轻焦虑。你愿意尝试一下薰衣草，感受它给你带来的变化吗？你可以在香薰器中加入薰衣草配方，使用薰衣草香味的按摩精油，甚至将其喷洒在枕头上，收获宁静的一夜安眠。

第三章

如何让紧张的神经系统平静下来

神经系统的压力，犹如一场酝酿中的雷暴，乌云密布，电闪雷鸣。随着压力等级的升高，乌云越发浓重，闪电划破天际，如同利刃般凶猛。要平息这场风暴，你需要将自己想象成一缕阳光，穿透层层乌云，慢慢地越来越明亮，直到风暴的阴霾消散。你可以运用本节，以及本书其他部分的策略来做到这一点。当你专注于将内在的光芒释放出来时，风暴将逐渐平息，最终变成阳光明媚的晴天。

舒缓紧张的神经系统有助于减轻身体的应激反应，这种应激反应在持续性焦虑的情况下会被频繁触发。焦虑是由接触不愉快的事件而引发的，这会导致生理、情绪、思维、感知，以及行为方面的改变。在本章，我们重点关注这些与压力有关的变化（我将称之为"生理压力"），以及相应的应对措施。当你在安全、保障和幸福等方面感受到威胁时，就会产生生理压力，这会导致压力激素肾上腺素和皮质醇的释放。这些激素参与身体的应激反应，这是身体内部一套复杂却又自然的警报系统。无论你患有何种类型的焦虑，当面临令你害怕的情况时，肾上腺素都会激增。这可能是一种引发或曾经引发过恐慌发作的情况。对于社交焦虑症患者来说，这种情况可能是特定的社交场合，而对于健康焦虑患者而言，听到有关健康受损的新闻可能会触发生理压力。我们将深入了解肾上腺素和皮质醇如何在体内发挥作用，然后我将介绍四种不同的实用技巧。你可以将这些技巧融入生活，以管理这些激素引起的压力，并将其置于控制之下。

肾上腺素

肾上腺素在你的身体应对威胁或感知威胁时发挥着关键作用。当应激反应被触发时，它几乎会立即充斥你的身体。这是为了增强你的身体表现，并为你提供能量，让你能够轻松应对挑战。这套神奇的系统早已融入我们的神经系统，在我们需要时提供助力。但问题在于，我们并非总需要它。当我们需要克服恐惧，完成一些惊险的事情时（例如蹦极），肾上腺素是强大的助力。但当它因毫无根据的威胁而持续存在时，它就毫无用处了。肾上腺素的激增会导致身体产生一系列变化，其中一些可能会对患者产生危害。总体而言，这些变化包括心率加快、血液向较大的肌肉群重新分配、氧气需求增加、呼吸变化、瞳孔扩大、视觉变化和痛觉感知减弱。你是否曾听闻这样的故事：有人在受伤后，即使伤势已经痊愈，却依然会感受到长久的疼痛？这一有趣的现象可以归因于身体的应激反应。肾上腺素可以暂时麻痹痛觉感受器，让我们能够迅速采取行动以确保自己的安全。我记得一位病人曾分享过他发生车祸、腿部骨折的经历。令人惊讶的是，由于体内肾上腺素激增，当时他能够自行下车，帮助其他人安全撤离，并且在离开现场时也没有感到任何疼痛；然而，当他到达安全地点、肾上腺素消退后，他突然意识到剧烈的疼痛。

　　肾上腺素引起的身体变化通常会在应激反应过去后逐渐平静，但也有一些会持续数小时。当你的焦虑水平较高，或当你感知到某种危险时，你体内的肾上腺素开始激增。这种激增会引发一系列生理反应，这些反应本身可能会导致更多的恐惧，因为你会想知道到底发生了什么，以及为什么会感到异样和不适。于是，你可能会陷入一种情绪高涨和焦虑的循环之中，并伴随更多可怕的想法，这反过来又会促使你的身体分泌更多的肾上腺素。如此一来，持续性的压力循环就会继续下去。当你长时间感到紧张和焦虑时，肾上腺素水平可能会持续升高。这会在许多方面带来隐患：挥之不去的生理感受一直困扰着你，让你感到害怕，然后更多的焦虑思绪涌上心头，将你困在一个自我维持的焦虑循环之中。一些人可能会表现出持续的心悸，而另一些人可能会感受到灼热的潮红，甚至是麻木和刺痛。既然身体面对压力和焦虑会产生肾上腺素，要想摆脱这种自我维持的循环，我们就需要从降低整体焦虑和压力水平入手。要做到这一点，关键在于持续参与一些有助于放松身心的活动，有效地对抗身体所经历的生理压力。优先运用一些放松技巧和减压实践，我们可以减少压力对身体的影响，并恢复一定的平衡。稍后我们将探讨如何才能实现这一目标，现在先来了解一下皮质醇。

皮质醇

皮质醇是一种广泛调节身体基础功能的激素,它在帮助身体应对压力方面发挥着核心作用。皮质醇有许多积极的作用,就像肾上腺素一样,是维持生命不可或缺的激素。皮质醇可以调节血糖水平,而且有抗炎作用。皮质醇水平通常在早晨达到峰值,帮助我们清醒并保持警觉;在此后的一天中,皮质醇水平逐渐下降,为身体做好休息的准备。在健康的应激反应中,皮质醇会在身体需要行动时释放,并在压力源得到解决后消退。

为何晨起时尤其焦虑?

清晨醒来,你的身体会经历一种自然而然的皮质醇激增,即"皮质醇觉醒反应"(Cortisol Awakening Response,简称CAR)。它旨在促进你清醒,提高你的警觉,并重新激活你的大脑以迎接一天的挑战。然而,这种皮质醇水平的增加也有可能导致焦虑。如果再摄入咖啡因,皮质醇水平可能会进一步升高，导致焦虑进一步加剧。如果你已经感受到焦虑，那么你的皮质醇水平可能已经高于正常水平，而CAR会进一步加剧这种状况。

通过巩固情感事件的记忆，皮质醇对于学习和记忆的形成也发挥着重要作用。当你回想起一个令人焦虑的事件时，它可能会引发皮质醇水平飙升，导致你每次回忆后，那段记忆都会变得更加牢固。皮质醇强化了可怕经历的记忆，因为这有助于我们在生存中规避潜在的危险。当可怕事件发生时，皮质醇就会大幅上升，从而促进这段基于恐惧的记忆的初步形成。随后，当你再次回忆起这段记忆时，皮质醇水平也会再次上升，进一步巩固这段恐怖的记忆。因此，面对与惊恐发作、极度焦虑和恐怖情景相关的记忆，你可能会产生强烈的反应。皮质醇对记忆巩固的作用有助于解释为什么基于恐惧的记忆有时不会消退，反而可能在每次回忆中得到加深。然而，在脆弱的回忆阶段，通过不同的反应方式，我们可以中断这一过程，从而阻止记忆的进一步强化。本书中的许多策略旨在帮助你做到这一点。

当你过度焦虑，导致皮质醇水平持续升高时，它会削弱皮质醇的其他有益功能。即使你不需要它，皮质醇供应也会被激活。长时间产生过多的皮质醇还可能导致焦虑症状持续存在，引发不适的生理反应。在理想情况下，皮质醇反应在你面临挑战并且身体需要皮质醇时开启，然后在压力消失时关闭。持续且过量的生理压力会导致皮质醇功能失调，而这个过程在焦虑症中扮演着重要角色。当焦虑问题变得严重时，你的身体倾向于在较长时间内保持应激反应，并且日后会更容易、更快速地重新激活这一反应。因此，即使是轻微的压力也可以触发强烈而难以承受的应激反应。这就好比没有真正发生火灾，却响起了火灾警报。与家里的火灾报警器类似，焦虑是你的身体对潜在威胁发出的警告，是你身体的报警系统在工作。有时，这个报警器会出现故障，即使没有真正的危险，它也会响起。在这种情况下，它仍然会使你的身体进入战斗或逃跑模式，即使你可能只是坐在沙发上，毫无危险，但你会心跳加快、手心出汗，脑海中充满了灾难性的想法。你对这些信号的反应对于降低你的焦虑水平至关重要。运用本书中的策略，你将学会调节身体对焦虑的反应，并减少在不必要的情况下触发身体的虚假警报从而进入战斗或逃跑模式。

皮质醇和肾上腺素对我们有益，它们可以在必要时帮助我们，但同样重要的是，我们要学会如何关闭应激反应，调节身体回归到正常、放松的状态。你可能会想知道，尤其是如果你长期遭受焦虑的困扰，自己如何才能做到这一点。但请相信，你并非无能为力。本章将介绍一些非常有效的策略，帮助你平衡神经系统。通过持续的实践，你将发现自己能够消除压力，感受内心的平静。

滚雪球效应

你可以将焦虑想象成一个雪球，它起初很小，但随着时间的流逝会变得越来越大。我并不是说最初引起你焦虑的原因微不足道，相反，随着焦虑的出现，它开始以某种方式影响你的思维、情绪和行为，使得雪球加速滚动，不断膨胀。雪球越滚越大，对你的神经系统和身体施加的压力也就越大。正如滚下山坡的一个雪球，它不断积聚，变得越来越大、越来越重。尽管你试图逃避它，却发现自己变得更加焦虑，而这种焦虑进一步助长了雪球的扩大，导致更多的身体压力。不过，通过采用本章概述的策略，以及本书其他章节中的策略，你可以有效地应对和克服这颗焦虑的雪球。从不同的角度入手，你可以逐渐减弱它的影响。通过坚持不懈的努力和承诺，你能够将其逐一击破，直到它不再构成问题。

滚雪球效应是一个众所周知的心理学类比，它形象地描绘了单一事件如何集聚力量，逐渐壮大，并最终产生显著的影响。我运用这个类比，旨在向你展示多重因素如何共同作用，导致你产生焦虑并延续下去。

你需要掌握一项至关重要的技能，提高自己减轻整体焦虑和压力的能力，从而减少身体中肾上腺素和皮质醇的产生。

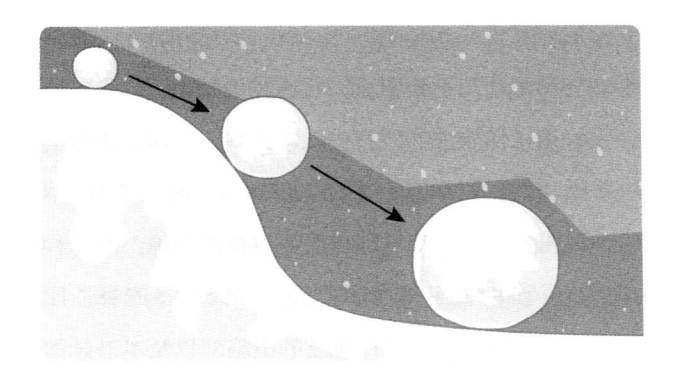

如何让我紧张的神经系统平静下来

由于这些激素在压力期间释放，减少它们产生的最有效方法在于积极管理和减轻压力源，我们将在下一节详细介绍如何做到这一点。但首先，请让我介绍一下我的病人马克，他的经历生动地说明了生理压力如何在体内神经系统中积累和扎根。

患者案例：马克的面部潮红和手心出汗

马克发现，面部潮红和手心出汗是他最严重的焦虑症状，他非常执着于治好这两个症状，只想做那些可以直接解决这两个问题的事情。马克甚至买了一款昂贵的乳霜，每天都要多次涂抹在手上来防止出汗。但令他失望的是，出汗的情况仍然在持续。这些令人困扰的症状主要是由于压力激素导致马克面部毛细血管扩张，使得血管清晰可见，进而导致面部潮红，伴有灼热感。我向马克解释，出现这样的症状是因为他有社交焦虑，自我意识过强，不断告诉自己各种令人不安的事情，害怕在他人面前讲话，而且他的整体生理压力一直很高。如果想要克服社交焦虑，马克需要减少这种持续的压力，通过采取措施来降低肾上腺素和皮质醇的水平，延长身体处于放松状态的时间，然后再来处理他的思维，并采取其他措施对抗焦虑。我们将追随马克的脚步，采取一系列策略来有效管理和调节压力。这样做的目标是尽可能降低压力激素水平。

降低压力激素水平

在本节中，我将带领你学习四种方法，帮助你减轻身体的生理压力，并平衡自己的神经系统。也许所有的练习都适合你，也许只有某些练习对你更有效。

你可以将对你最有效的练习纳入你的抗焦虑工具箱。最重要的是，你要坚持练习。其中一些练习可能对你来说并不陌生，但这是经过反复验证仍然有效的方法。在练习时，谨记你的目标是减少身体压力，并反复激活身体的放松反应，从而让神经系统平静下来。

患者案例：克洛伊的呼吸练习

几年前，我为我的病人克洛伊制定了一套呼吸练习方案。当克洛伊再次来见我时，她说："我尝试练习呼吸，但是没用，实际上我以前也尝试过类似的方法，但都不适合我。"我心想，这倒也说得过去，但我也问了她练习的频率和天数。克洛伊告诉我，她在一周内断断续续地练习了几次。我告诉克洛伊，她需要在至少30天内每天进行4~6次练习，然后再逐渐降低频率，这让她感到意外。克洛伊患有慢性焦虑症，针对她的特殊情况，她需要更加频繁地训练。当克洛伊再次来见我时，她可以清楚地感受到呼吸练习的好处，她的身心更加放松，生理压力减少，能够以更平静的状态继续后续的治疗。克洛伊学会了使用多种技巧来应对生理压力，能够在焦虑卷土重来时有效地平复自身情绪。

千百年来，人们一直相信可以通过自身的力量达到身心放松的状态。然而，对于焦虑症患者而言，这种方法的潜力被低估了。

在零星尝试了一些技巧后，就期望你紧张的神经系统能立即平静下来，这是不切实际的。但是，当你保证进行连贯的练习时，你将获益良多。这些练习的理论支撑研究十分惊人。达到深度身体放松状态可以深刻地影响你对压力的情绪和生理反应。这种状态会促进内啡肽的释放，从而帮助你减轻焦虑和压力，改善心率和呼吸，并提升整体幸福感。坚持这类练习，你可以显著地减轻生理压力，缓解焦虑，改善睡眠，提振精神，享受由此带来的其他好处。人们往往希望迅速缓解焦虑，不愿花时间练习各种放松技巧，这是可以理解的。然而，关键是要记住，简单的练习，若能正确且持续地运用，将带来可观的长期益处。

我衷心地鼓励你做出承诺，定期练习这些技巧。

请回顾克洛伊的例子，想想焦虑发作时是如何显著地影响你的生活的，然后切实地花费时间平静你的身心。我相信，只要每天花一点时间，你就能平静你的神经系统，缓解自己承受的生理压力。虽然不必每次都练习所有技巧，但我建议你尝试每个练习，找到最适合你的那一个。尝试一次练习并不足以判断其有效性，重要的是要花时间在不同场合进行尝试，从而正确评估它对你的影响。一旦确定了你的偏好后，请务必保证定期练习，从而实现收益最大化。我曾在我的病人身上尝试过这种个性化的方法，每个人对不同练习的反应不尽相同。如果你在进行这些练习时，对自己的行动能力或身体健康有任何担忧，请在开始之前咨询医生。

一、呼吸练习

规律的平静呼吸练习可以帮助减少肾上腺素的分泌，平衡神经系统，改善焦虑症状。研究还表明，理想的呼吸方式可以降低整体皮质醇水平，这意味着体内循环的这种应激激素会减少。生理性压力可以导致气道收缩，从而造成呼吸急促、呼吸困难，或者我经常提到的"空气饥"——一种无法吸入足够空气的感觉。有效的呼吸技巧已被证明可以减轻这些问题，缓解压力，降低心率。生理性压力可以改变你的呼吸节奏和深度，导致呼吸变得短促、浅薄，甚至是过度通气。过度通气并不总是明显或容易察觉的，它可能会以更为隐晦的方式呈现出来。如果你想平衡你的神经系统，重新掌控呼吸绝对至关重要。

如果你目前的呼吸频率超出了最佳范围，请不必担心。练习本文概述的简单方法，你将逐渐改善呼吸频率，养成良好的呼吸习惯，这需要勤加练习和自我督促。请坚持下去，因为这是减少和控制压力激素的一个简单却重要的手段。根据我的临床经验，最有效的呼吸方式是慢速腹式呼吸，即用鼻子缓缓吸气，然后用嘴巴慢慢地呼气，稍微延长呼气过程。

我非常喜欢这个练习，因为它非常简单，但也有很多其他练习可以尝试。无论你使用哪种呼吸练习，请坚持下去。在焦虑加重的时候，呼吸练习特别有用，所以不要犹豫，在这些时候要更频繁地练习。每天两次，抽出时间专注于此，有助于真正建立起专属于你的呼吸技巧。你可以考虑将这个过程融入你的日常生活中，例如在清晨醒来和睡前进行练习。你也可以在一天中设置特定的提醒，例如餐前或如厕后。哪些提醒方式适合你？不妨在手机或日历中设置提醒，帮助你定期练习。随着练习的深入，你会发现平静呼吸逐渐成为你的本能，无论身处何处，你都能轻松地运用它。如果你在呼吸练习过程中感到头晕，这可能是呼吸过快或过重的迹象。尝试放慢呼吸速度，和缓地进行练习。请记住，学习新事物时，最初感到困惑实属正常。记得要善待自己，保持耐心，持续练习，直到变得更加自信。掌握任何技巧都需要时间、反复练习和耐心。

任务8 简单的呼吸练习

1. 找一个舒适的地方，例如床上、地板、座椅，甚至是户外的某个地方——只要你觉得合适即可。放松紧束的衣衫，寻一舒适的姿势，缓缓舒展身心。

2. 接下来，用鼻子深吸一口气，尽可能地深吸，让肺部充满空气。吸气时慢慢数到4或5，保持腹部稍微向外膨胀，使你的呼吸充分展开。请参阅下图的左侧。

腹式呼吸

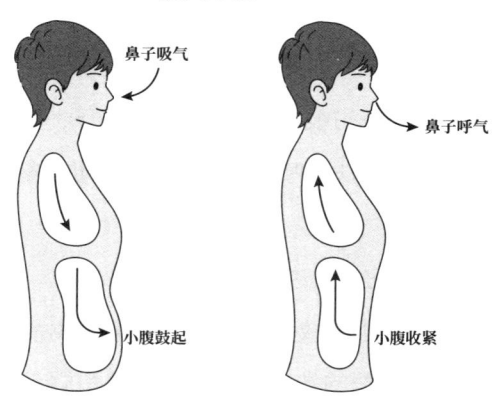

鼻子吸气

鼻子呼气

小腹鼓起

小腹收紧

3. 屏住呼吸，坚持4~5秒钟。然后慢慢呼气，噘起嘴唇，再坚持4~5秒。为了更好地控制，可以考虑用吸管呼气。重复这个过程至少5次，感受平静的效果。

每天至少练习两次，如有需要，可以增加练习次数，这取决于你的焦虑程度。

有些焦虑症患者会对自己的呼吸产生恐惧和高度警觉心理。他们可能过于关注自己的呼吸，将某些正常的感觉解释为严重问题的征兆。对呼吸的过度关注可能会产生恐惧和过度警觉的循环，患者会害怕自己的呼吸及其潜在的含义。需要注意的是，对呼吸感觉的恐惧是焦虑的一种症状，你可以通过正确的策略来解决这个问题。如果你有这个问题，那么你可能会觉得这些呼吸练习很困难。在这种情况下，你可能需要首先或同时解决对呼吸感觉的恐惧，可以参考第八章的建议。

二、渐进式肌肉放松训练(PMR)

渐进式肌肉放松训练是一种缓慢收紧和放松身体各个肌肉群的技巧。如下文所述，它可以非常有效地平衡神经系统。渐进式肌肉放松训练通过促进放松和减少全身肌肉紧张来抵消应激反应。当你在渐进式肌肉放松训练期间有意识地收紧和放松各个肌肉群时，它向你的身体发出可安心放松的信号。这个过程激活了身体的放松反应，缓解了压力激素的影响。

生理性压力可以表现为肌肉紧张，进而导致一系列的身体疼痛，以及沉重、无力和疲劳的感觉。对于那些因焦虑导致肌肉紧张的人来说，渐进式肌肉放松训练尤其有效。当我们感到紧张或受到威胁时，在战斗或逃跑反应的影响下，我们的肌肉会紧张起来。对于长期焦虑的人来说，这种肌肉紧张似乎一直持续着，因为身体不断产生压力激素，导致神经系统难以平静下来。焦虑引发的肌肉紧张会影响胸部肌肉，产生一种紧张感。颈部和喉咙的肌肉紧张会导致喉咙出现明显的肿块感。牙关紧闭会导致下颌、颈部和肩膀的肌肉紧张。我将患者腿部肌肉出现的各种症状统称为"焦虑腿"，包括腿部无力、软弱、颤抖、麻木或僵硬，难以行走或站立。

任务9　渐进式肌肉放松训练

为了让你的身心准备好进行肌肉放松练习，请找到一个舒适的表面躺下，比如你的床、厚垫子，甚至是户外。在开始之前，试着进行三次缓慢的深呼吸，通过鼻子吸气，张开嘴巴呼气。每个步骤保持紧张状态10秒钟。

1. 从双手开始,握拳并保持紧张状态,然后缓慢放松。

2. 将胳膊折叠至肩膀处,保持相同的紧张感,然后放松。

3. 收紧你的面部肌肉,包括你的眼睛,然后放松。

4. 张开嘴巴,做出打哈欠的动作,然后放松。

5. 轻轻将肩膀和颈部朝耳朵方向紧缩,然后放松。

6. 继续移动整个身体,将肩胛骨一起向下推,然后放松。

7. 收紧腹部肌肉,然后放松。

8. 收紧大腿和臀部肌肉,然后放松。

9. 向上弯曲脚趾,收紧小腿肌肉,然后放松。

10. 最后,收紧脚部肌肉,然后放松。

练习结束时,你应当感受到肌肉放松,身心舒缓。定期练习,你将收获越来越多的益处。

三、运动

人们在需要更多运动时，往往会无意识地降低自己的活动水平，这种情况相当常见。我建议将运动作为应对焦虑和压力的方式，尤其是在焦虑和压力急性发作期间。需要说明的是，这里所说的运动并非指严格的健身计划，我们将在下一节进一步讨论这个问题。

焦虑时，拒绝运动会阻碍你体验运动带来的积极作用，无法缓解生理压力和神经系统的紧张。缺乏运动会使你停滞不前，令神经系统处于紧张状态。长期的规律运动不仅能缓解神经系统的生理压力，其即时效果也同样显著。问问自己，"此刻我的身体渴望怎样的运动"；倾听身体的信号，选择最适合自己的运动方式。请参考下文表格中的建议：你喜欢这个表格中的哪些项目？如果对自己的活动能力或身体状况有任何担忧，请务必在开始任何新的运动习惯之前咨询医生。

将你的神经系统想象成一个装满压力激素的玻璃杯。随着你经历更多的生理压力，玻璃杯内的压力激素会不断累积。你拖延应对压力的时间越长，玻璃杯就越满。现在，玻璃杯已经装满，压力激素开始外溢。

而运动则能够帮助你释放压力。参加运动后，你开始排除玻璃杯内多余的压力，感受宽慰和平静。随着时间的推移，定期进行运动之后，玻璃杯内的压力激素不再外溢，避免了压力激素的积累及其带来的负面影响。这种压力和焦虑的应对方法简单但有效。

运动	
步行上班/去商店	溜旱冰
遛狗	蹦床
修剪草坪	吸尘
园艺	深度清洁一个区域
DIY	洗车
与孩子们在户外玩耍	户外清洁
扔飞盘	骑自行车

四、体育锻炼

定期锻炼，益处多多，对整体的身心健康具有显著的积极影响。将定期锻炼培养成一种日常的习惯，是一种帮助神经系统恢复平静的有效手段。除了降低皮质醇和肾上腺素水平以外，锻炼还会激发内啡肽的释放，起到缓解疼痛、改善情绪、提高幸福感的作用。我鼓励大家每周至少锻炼30分钟，如果可能的话，尽量每天都锻炼。如果你有任何健康方面的担忧，请在开始新的锻炼计划之前咨询医生。我知道，在处理焦虑问题的同时开始锻炼是一件非常具有挑战性的事情。如果你感到困难重重，我建议你从制定小目标开始，循序渐进地增加运动时间，最终达到每天30分钟。你可以从5分钟的散步开始，或以天或周为单位增加运动时间。仅需一个月，你就能将运动时间增加到每天30分钟。

并非每个人都适合加入健身房或运动俱乐部，这也不是一个必要的选项，除非你确实想要。还有很多其他方法可以让你的身体活动起来，关键是要找到你喜欢的运动方式，并能够定期坚持下去。以下是一些简单的建议，可以帮助你入门，但请随时探索更多可能符合你兴趣的选择。

锻炼	
散步	瑜伽
骑单车	普拉提
划船	网球
跳绳	羽毛球
跑步	爬山
游泳	踢足球
跳舞	有氧运动或高强度间歇训练

你有无数种方法调整自己的锻炼计划，使之匹配自己的生活方式。如果想轻松一些，可以将锻炼分割成更小的部分，这与进行更长时间的锻炼同样有效。例如，你可以在一天中的早晨、午餐时间和晚上分别进行10分钟的快步走。或者，你可以在早上进行一些清洁工作，然后在傍晚与朋友或邻居散步，或者在散步时聆听自己喜欢的音乐或播客。你也可以观看免费在线视频，尝试练习瑜伽、舞蹈或其他运动。如果你感到抵触，或者缺乏锻炼的动力，可以先从坚持两周的锻炼开始，并留意自己的感受有何变化。科学研究证实了锻炼的益处，你可能会惊讶地发现，在日常生活中定期锻炼，会让你的自我感觉更好。

正如有些人会对呼吸的感觉产生执念和恐惧一

样，另外一些人也可能对锻炼引起的感觉产生忧虑。过往的负面经历，例如在锻炼期间曾经发生的恐慌发作，可以导致这种恐惧或回避反应，这是一种抵御未来痛苦的保护机制。如果害怕发生恐慌发作，人们会对任何类似的感觉变得警惕和敏感，即使这些感觉并非真正的恐慌发作。在锻炼期间，心率自然加快、出汗、呼吸急促等生理变化可能会引发焦虑。这些症状可能被误解为恐慌发作或即将发生危险的征兆，从而产生恐惧反应。因此，锻炼过程中，由于这些感觉而产生的失控感会进一步促使人们回避锻炼，以此来维持对自身状态的掌控。如果你也经历着相似的状况，就需要运用第八章中的策略来克服这种回避行为。

安抚神经系统的 10 个要点

1. 请记住,你的身体拥有天然的报警系统,当你感到焦虑时会触发生理反应。这一机制会释放肾上腺素和皮质醇等激素进入体内。

2. 请记住,肾上腺素在你的身体应对具有威胁情况时发挥着关键作用。它有助于增强你的身体资源,让你能够更有效地执行和应对各种情况。

3. 皮质醇在人体内也扮演着重要而有益的角色,但长时间的焦虑可能导致皮质醇水平持续升高,进而产生一系列不良症状。为了解决这个问题,持续练习有效的放松技巧至关重要。

4. 高水平的肾上腺素和皮质醇可能导致令人不适的生理反应,加剧焦虑。这引发了一个循环,不断加剧的焦虑会增强生理反应,反之亦然。练习放松技能来触发放松反应可以打破这一循环,防止焦虑和生理反应之间的相互强化。

5. 持续的压力暴露会导致神经系统的敏感性增加,即使是微小的触发因素也会引发强烈的焦虑反应。这种高度敏感性进一步加剧了焦虑的体验。定期练习放松技巧可以平息这种敏感性。

6. 在日常生活中定期练习这些技巧，可以帮助你激活体内的放松反应，有助于对抗压力激素的影响。

7. 要深刻地认识到，减轻神经系统的压力需要时间、耐心和持之以恒地练习放松技巧。为了获得持久的效果，务必保持对这一过程的投入，并将放松作为日常生活的重要组成部分。

8. 在日常生活中进行简单的呼吸练习，以此调节身体做出的压力反应。

9. 利用渐进式肌肉放松训练来有效减轻生理压力和缓解身体紧张，通过对不同肌肉群进行系统的收紧和放松；你可以促进深层放松，获得平静感。

10. 通过体力活动，比如短暂的散步或日常家务，应对加剧的焦虑，这也是你常规锻炼计划的一个有效补充手段，对于维持神经系统的镇定至关重要。

冰块的好处

手持冰块是一种快速、有效的焦虑管理方法。你可以将冰块握在手中,或者试着沿手肘或手腕内侧滑动冰块。强烈的寒冷感觉非常真实,让你关注当下的现实,远离焦虑的思绪。冰块带来的感官刺激可以帮助你将注意力从神经系统活动转移到感官系统。此外,冰块还可以调节你的体温,尤其对于焦虑引发的潮热特别有效。当你的体温下降时,身体症状也会减轻,让你整体上感到更加轻松和安心。

第四章

如何处理焦虑思维

我们目前已经对焦虑有了充分了解，也明白该如何应对由此造成的心理压力，接下来我们将重点探讨如何处理焦虑思维。战胜焦虑的一个重要方面便是积极应对焦虑，并有效管理随之而来的思绪。这是本书内容最翔实的一章。之所以花费更大的篇幅来探讨这个问题，是因为我在多年的临床实践中亲眼看到了焦虑思维的威力。这种思维是焦虑持续发酵的关键因素，许多人都不知道该如何对抗焦虑思维，也不知道该如何摆脱它们的控制。

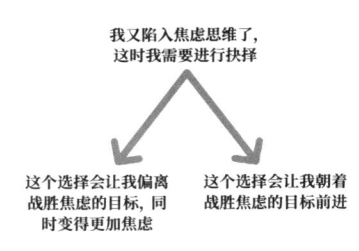

```
        我又陷入焦虑思维了，
        这时我需要进行抉择
           ↙         ↘
这个选择会让我偏离      这个选择会让我朝着
战胜焦虑的目标，同      战胜焦虑的目标前进
时变得更加焦虑
```

至此，你可以将自己的思维过程绘成流程图。摆在你面前的只有三种情况：焦虑得到缓解、变得更加焦虑或维持现状。当脑海中浮现焦虑思维时，你可以选择不认同（我知道，这并非易事）、接受或是认同。如果你选

择认同，任由这种思维主导你的行为，那你的焦虑情绪能得到缓解吗？

患者案例：乔的沉默

我的患者乔曾深受社交焦虑折磨，他总觉得"所有人都在看我，我会说傻话，让自己出丑"。在乔看来，事实的确如此，所以他选择接受。因此，他总是在社交场合保持沉默，因为开口说话可能会造成尴尬，而保持沉默则更有安全感。每当这个想法得到验证，其与情绪、行为之间的联系就变得更为紧密，从而无意中加剧了乔的焦虑。尽管避免社交尴尬能让乔暂时松一口气，但该模式却无意中加剧了他的焦虑，让他难以对这一想法提出疑问。

患者案例：玛雅的多重选择

玛雅一直担心自己患有神经疾病，她总觉得"我腿部的刺痛感就是神经疾病导致的症状"。每当这个想法出现时，玛雅就会格外焦虑。她接受了这个想法，认为自己需要采取适当措施来控制病情，以免造成严重后果。尽管三名神经科医生都明确表示玛雅的神经系统没有问题，但她的焦虑只是暂时得到缓解。她对焦虑思维的态度和处理方式并没有改变，所以当刺痛感再次出现时，她就会和乔一样接受头脑中的想法，从而在无意中强化了思维与行为之间的联系。因此，每当症状再次出现，玛雅就发现自己越来越容易踏上从前的老路，从而无意中加剧了内心的焦虑。

以上两个案例都体现了夸大化的思维模式，以及该思维模式所引发的夸张反应。人对自身思维的夸张反应属于适应不良反应，它会让你觉得自己正面临某种威胁，并做好最坏的打算。这种反应会提升人体的皮质醇水平，不仅会让人产生不适的生理感受，还会进一步巩固那些由恐惧衍生的记忆，导致焦虑问题一直延续下去。和乔与玛雅等焦虑者一样，面对恼人的焦虑思维，你可能已经形成了一套自己管理与应对的方法。总的来说，如果这套方法有效，那么你的焦虑应该会随着时间的流逝而逐渐缓解；如果行不通，那么你的焦虑情绪只会越来越严重。许多人都没有找到处理焦虑思维的正确方法，他们只会火上浇油，这通常是因为他们不知道自己还有其他选择。

如果你能学着用有效的适应性方法管理思维，那么你的皮质醇分泌量就会随之减少。如果你认同焦虑思维，觉得灾难即将降临，那么你自然会变得更加焦虑。反过来，这种情绪问题也会引起生理性的焦虑反应，从而使你越发难以维持清晰的思路，脑海中还会浮现出更多可怕的想法和画面。焦虑思维会产生一种滚雪球效应，对此，我们已在第三章进行了讨论。你对焦虑的反应越强烈，焦虑问题就越严重，发展速度也越快，影响力也会随之增强。如此一来，它对你行为的支配作用也就越来越大："做这个，做那个，这会发生在你身上，你现在不安全，你是这样的，你是那样的！"

幸好，有很多方法可以帮助我们有效应对焦虑。接下来，我将带领你运用这些技巧克服焦虑。有些技巧虽然简单，却能产生深远影响，如果坚持使用，就可以改变你看待焦虑的视角。有些技巧乍一看很难学会，但只要多加练习，就能运用自如。它们有的是思维技巧，有的是实践技巧。在刚开始练习的时候，我建议你养成做笔记的习惯，等你适应这种思维方式之后，就可以在脑海中演练。这套训练的最终目标是让你自然而然地用新的思维方式来思考问题，如此一来，新模式就能取代原有的焦虑思维模式，让你摆脱焦虑的折磨。

本章共包含三个部分，每部分都介绍了一组技巧，旨在帮助你克服焦虑思维。首先，我们要学会理解焦虑思维，然后在尝试转变思维模式之前，先对其进行有效评估。我建议你不要跳过前面的内容，而是从第一部分开始学习，这样才能为思维模式的转变奠定基础。在建立坚实基础的过程中，这些初期技巧能够起到关键作用。

一旦你完成了整套训练，熟悉了这些应对技巧，就可以更灵活地将其投入使用。你可以根据自身情况应用多种技巧，也可以适当减少用量。建议你将所有技巧尝试一遍，以确定最有效的方法，然后坚持使用。你可能会发现自己需要在不同时期重温不同的技巧，当焦虑情绪再次出现或以其他形式复发时就更是如此。另外，某些技巧在特定情境或特定时期可能更适合你。如果你能坚持下去，那么随着时间的流逝，你就会渐渐发现，焦虑思维的强度和出现频率都在降低，整体焦虑水平也会下降。这种变化可能很快就会出现，也可能需要一些时间，但请记住，技巧应用次数越多，积极变化出现的速度就越快。

第一部分 理解焦虑思维

技巧1：识别焦虑思维

在对焦虑思维采取应对措施之前，我们需要先了解自己焦虑的是什么，这种理解会成为我们战胜焦虑的力量。学会识别自己的焦虑思维后，你会发现焦虑并非凭空产生，从而意识到它并没有看起来那么难以控制。

识别焦虑思维非常简单。你需要关注自己的内心世界，这样你在产生焦虑情绪时就可以记下自己的所思所想。尽可能在焦虑思维出现时记下内心的想法，这点很重要，因为当我们冷静下来以后，通常会忘记自己当时的想法。此外，焦虑思维会以极快的速度自发产生，而我们通常对此没有察觉；相反，我们可能会发现自己已经开始焦虑，或者已经开始对焦虑有所反应。焦虑通常会引发各种各样的想法，你只需识别这些想法，并且将其记录下来。有些人的思维以画面形式呈现，他们脑海中可能会忽然冒出一幅画面，想象自己正在经历可怕的事情。同样，你需要对此进行记录，也就是记下身处其中时所产生的想法。你可以运用下列问题进行自我提示。

如果你已经弄清哪些想法会让你产生焦虑情绪，就请在笔记本或电子设备上记录这些想法。在后续过程中，这些想法会再次出现，因为我们的目标就是克服这些反复出现的念头。一旦你开始记录，那么很快你就会发现一种固定的思维模式，发现自己脑海中反复出现同一个主题，所以无须重复记录(当然，如果你出现了新的想法，也可以将其记录下来)。

如果你不清楚自己的具体想法，也不要担心，这项技巧可以让你对焦虑思维的识别产生新的认识。以

下8个问题可以帮你识别焦虑思维:

1. 当我感到焦虑时,我在想些什么?
2. 在我产生这种想法之前我在做什么,或者发现了什么?
3. 是什么让我越来越焦虑,这种情境会让我对自己产生什么看法?
4. 我最害怕什么,为什么害怕?
5. 我一直在担心什么?
6. 我一直在脑海中预演着哪些事情?
7. 我的大脑得出了哪些结论?
8. 感到格外焦虑时,我在想些什么?

以下是几种一般性示例:

玛雅:我害怕自己患有神经系统疾病。

洁德:我觉得我今天会死。

乔:我会说傻话,然后大家都会讨厌我。

艾米莉:我会突发心脏病。

根据玛雅的应对方式,上述问题答案如下:

1. 当我感到焦虑时，我在想些什么？

我将会患上神经系统疾病，或者我已经病了，只是医生没有检查出来。

2. 在我产生这种想法之前我在做什么，或者发现了什么？

我在观察自己的小腿肌肉，仔细留意它是否出现明显抽搐。

3. 是什么让我越来越焦虑，这种情境会让我对自己产生什么看法？

我觉得自己能看到并感觉到小腿的抽动，这让我觉得自己肯定得了某种神经系统疾病。

4. 我最害怕什么，为什么害怕？

我最害怕患上神经系统疾病，一旦患病，我就要长期被病痛折磨，直至死去。

5. 我一直在担心什么？

我一直担心自己患有神经系统疾病，医生没能检测出来，而它最终会要了我的命。

6. 我一直在脑海中预演着哪些事情？

我不停地幻想自己已经患上了某种神经系统疾病，

就算现在没有，以后肯定也会有。所谓的焦虑抽动不是焦虑的表现，而是某种严重的神经系统疾病的征兆。

7. 我的大脑得出了哪些结论？

我患有神经系统疾病，它会让我痛苦不堪，最后要了我的命。

8. 感到格外焦虑时，我在想些什么？

我想象自己确诊了神经系统疾病，然后在家人的哭泣声中离世。

从玛雅的案例可以看出，问题的答案具有较强的重复性。如果每次都得出相同的答案，就无须回答所有问题。在此情况下，你可以在下一次感到焦虑时再进行回答，看看是否能挖掘出更多想法。提问的次数因人而异，我给患者们提出的要求也各不相同，有的需要记录三天，有的要记录一周，有的则要记录两周，甚至一个月。具体时长取决于焦虑的表现方式，所以运用技巧时需要灵活变通，以最适合自己的方式获取需要的信息。

记下自己的焦虑思维后，你也可以按照这些想法的困扰程度对其进行排序，从而在学习本章的过程中确定解决问题的优先级。

至此，你已经认识了自己的焦虑思维，那么接下来让我们继续学习第二个技巧。这一次，我们要关注的是思维抑制问题。

学会识别焦虑思维能让你更加了解自己到底在焦虑什么。这种理解会成为你战胜焦虑的力量，它能够让你针对那些造成困扰的想法采取相应措施。

技巧2：停止对焦虑思维的抑制

对于焦虑症患者来说，思维抑制是一种常见的应对策略。所谓思维抑制，就是有意识地避开那些令你不快的想法。压抑自己的想法最终只会适得其反，比如你越是努力不让自己想粉色大象，它就越可能浮现在你的脑海中。思维压抑只会让我们与目标背道而驰，因为它恰恰会让你想到那些你有意回避的念头和问题。

想象你正站在海里，用手把沙滩球按进水中。这个沙滩球象征着你渴望摆脱的念头，所以你努力将其按压到水下，防止它浮出水面。现在请花几分钟思考一下，对你来说，这个沙滩球对应着脑海中的哪些想法。只要你成功地将球压在水下，水面就能平静无波，不受干扰。将负面想法压制下去可以减轻其带来的不适感，从而让你在一定程度上得到解脱。但是用手压着沙滩球会限制你的自由，也让你无法自如地开展其他活动。生活中会出现各种需要应对或处理的状况，但它们都超出了你的掌控范围，因为你被"沙滩球"困住了，无法全力应对其他问题，你也不能永远将球压在水下。最终，你的力量会用尽，球会浮出水面，掀起巨大的涟漪，造成一片混乱，把一切都浸湿，暂时的宁静也会被打破。当这个想法再次出现时，你可能会变得非常恐慌，于是拼命将球往下压，想让它尽快回到水下，让水面暂时恢复平静。但这会让你越来越焦虑，停滞不前，因为你仍然想要压制这个念头，从而被束缚在原地。

要想摆脱这种状态，自由地去做其他事情，就必须学会放手。你必须放开这个球，让它浮出水面，如此一来，它摆脱了束缚，就会慢慢漂远。当然，它可能不会立刻消失，但你放手以后，它的运动方向就会受到风浪等因素的影响。有时你可能发现球就在你的旁边，有时它可能离你很远，有时你只能远远地看到它的轮廓。无论如何，这个球依然存在，这是你必须接受的事实；但现在，你可以更自由地活动，可以无拘无束地思考、感受和行动。你不再做无用功，不再自我伤害，不再企图将这个念头永远压制下去。你可以自由地思考自己为什么总是产生这种想法，一旦想到答案，就更容易摆脱这种思维所带来的负面影响。

患者案例：洁德的死亡恐惧

我想和你分享我的一位患者——洁德的故事。洁德总是担心自己会受到致命的伤害，这种强烈的恐惧感给她带来了极大困扰。一想到自己有一天会死，想到自己的死亡可能给孩子们带来的影响，她就会陷入深不见底的恐惧，因此她竭尽全力去压制这个念头。洁德认为，她的离世会给孩子们带来无法愈合的创伤，会让他们无法忍受。只要洁德将球压在水下，水面就显得平静，这种回避可以在短期内帮她缓解焦虑。但因为洁德和你一样用手压着球，所以她不能自由移动。她会不时地松开压在球上的那只手，然后就会出现巨大的涟漪。每当此时，她压制焦虑思维的决心就会更加坚定。这个做法可以让一切暂时恢复平静，但也让洁德继续停滞不前。

后来，洁德意识到自己无法永远将球压在水下，于是她学着释放压力，把手松开，让球浮出水面，看着它自由漂浮。这个球并没有立刻消失，但她却变得轻松了，也不再为了对抗焦虑而苦苦挣扎。有时，洁德发现球就在附近，有时它漂浮得更远，有时她几乎看不见球的影子。洁德能够更加自由地思考、感受并选择不同的行为方式。停止抑制焦虑思维后，洁德释放出更多能量，也觉得更自由了。一旦思维压抑的负面影响消失，人就会获得更大的思考空间，并通过其他技巧来应对焦虑。洁德想要回避与死亡有关的念头，这一点我可以理解。但是，一味压制这个念头会让她难以着手解决问题，因此她仍然遭受着焦虑情绪的折磨。洁德的故事有没有让你想到自己一直在压抑的想法呢？

显然，通过沙滩球的比喻，我们发现抑制焦虑思维无法彻底解决焦虑问题，因为它根本起不到任何作用。尝试摆脱心头的负面想法，反倒会无意间让它拥有更大的影响力。你必须允许焦虑思维存在，理解它们存在的原因，并学会放手。你必须学会与你的思维建立新的关系。因此，我要向你介绍下一项技巧——接受焦虑思维。

▶沙滩球的形象化处理

当你发现自己正在压抑负面想法时，想象自己正将手从沙滩球上抬起，看着它在你身边漂浮，而你则能够自由移动，不受任何阻碍。

不要再抑制焦虑思维，你越是不愿意接受，它越是挥之不去。抑制焦虑思维看似有效，但实际上它只会让问题越来越大，导致你更加焦虑。

技巧3：接受焦虑思维

接受焦虑思维与控制、抑制焦虑思维截然相反，我们的关键目标是提高自己灵活应对焦虑思维的能力，而提高能力的前提是接受这些想法的出现。全然接纳焦虑思维可以帮你敞开自我，考虑不同的选择，采用不同的视角，并按照你真正渴望的方向采取相应的行动，而不是仅仅让想法来决定一切。即使你的大脑中不断产生不同的想法，这种行为转变也可以在很大程度上帮助你缓解焦虑，改善心理健康状况。当你继续采取有效行动来克服焦虑时，这些想法的影响力就会逐渐减弱。本节将会为你介绍五种技巧，帮助你克服焦虑思维。请坚持练习这些技巧，将其视为思维的长期管理方法，而不是临时或快速的解决方案。这个过程将会帮助你与自己的焦虑思维建立一种全新的、不断发展的关系。

你的大脑会不断产生各种想法，试图为你提供帮助，你对这些想法的反应决定了它们影响力的大小。大脑可以产生一些中性想法，比如"今晚吃比萨"，也可以产生更令人痛苦的想法，比如"我的心跳异常，这是心脏病发作的征兆"。当中性想法出现时，你通常不会有太大反应，所以它们会自行消失。但当"心脏病发作"这种令人不安的想法出现时，你会感到惊慌，并产生控制这种想法的冲动。它仿佛在你的内心世界燃起了一小团火，让你进入应急模式，想迅速将它扑灭。你强烈的反应让你的大脑认为这个想法很重要，需要进行优先处理，所以大脑会向你发送更多同类想法。你越是努力想摆脱它们，为此投入的注意力就越多，于是它们的影响力就越来越大，数量越积越多，最终形成恶性循环。与其尝试摆脱这些想法，不如让它们维持原样，不对其做出反应，也不再努力消灭它们。随着时间流逝，这些想法的影响力会慢慢减弱。这个做法就是在向大脑发出信号，表明这些想法并不重要，最后这些想法越来越少，从而减轻焦虑。

接受焦虑思维就是意识到自己不能单纯摆脱这种思维，而要允许它们存在。与此同时，你还要明白一点：尝试消除或控制负面想法只会适得其反，它无法帮助你克服焦虑。不接受某种思维就意味着你把这种思维看作一个"不折不扣的客观事实"，然后采取相应的行动，但我觉得这种方法对你也没什么用。

鲁米有一首发人深省的诗，名叫《客房》(The Guest House)，其中包含一种形象的隐喻，以优美的方式阐释了接受思维的概念。我用这首诗来鼓励患者将自己看作一幢房子，各种想法从这里进进出出，就像客人到客房做客一样。有的想法带来了积极愉快的情绪，有的则引发了恐惧、焦虑和悲伤。我通过这首诗向患者强调欢迎和接受所有想法的重要性，因为任何想法都能给你提供宝贵的东西。与其抵制或推开这些想法，不如善待它们，并从中学习。如此一来，你也可以更深入地了解自己。这首诗提醒我们，你萌生的每个想法都有其重要意义，甚至能够帮你找到内心的宁静。当你否认或拒绝某种想法时，它就会不停地敲打你的心门，以寻求你的关注。这种抵抗会让你的内心爆发冲突，使你更加焦虑和痛苦。将它们排除在外并没有用，因为它们仍然占据着你的大脑。接受它们的存在能够让你以理解和共情的方式来处理这些想法，变得更加平静。

除了这首诗以外，你还可以通过其他方式进行反思，并与自己的思维建立更健康的关系。歌曲、电影情节乃至故事片段都可以让你停下来审视自己内心的想法。此外，他人向你分享的某些话也可能让你深有感触。请花点时间思考一下脑海中浮现的想法，并努力将其铭记于心，拥抱这些慰藉之源可以帮你培养出接受思维的习惯。

下一个技巧非常简单，即通过接受肯定来接受内心的想法。洁德每天无数次告诉自己她会突然去世，她的孩子会受到严重的伤害。频繁告诉自己可怕的事情，其实就是在最需要冷静、平和与放松的时候不断折磨自己。这种对焦虑的肯定并没有让洁德感到放松，恰恰相反，这种想法让她变得更加恐惧，进而变得更加焦虑。一旦洁德能够接受自己的想法，哪怕她想的是"今天我就要死了"，她也会更留心这些想法，并在采取行动或做出反应之前先想到自己的念头，然后自然而然地增强自己对这些想法的忍耐力。请看下面这个接受肯定的技巧，并按自己的情况展开练习。

任务10 接受你的焦虑思维肯定

这是一个简短的练习，旨在训练你对焦虑思维肯定的接受能力。你可以根据自己的需求使用这个方法，也可以定制训练方法。请尽量每天阅读这个肯定的念头，因为它能够帮你做出改变，同时让你掌握一种提高接受能力的方式。

"我会留意出现在我脑海中的想法。我决定接受它们，而不是对此做出反应，让自己更加焦虑。接受自己的想法就是要意识到这些想法的存在，并允许它们存在。我不需要对它们做出反应或按照它们的指示采取行动，我会慢慢地将注意力转移到我想要或需要做的事情上。"

现在，让我们开始正念练习，审视自己的想法，从而学着发现并接受这些想法。这个练习效果极佳，可以帮助你培养对内在体验的非评判态度。

任务11　通过正念接受内心的想法

在练习之前，请先阅读第1~7步。我经常建议人们把以下内容慢慢读出来，并录成音频，这样就可以边听边做。如果你不喜欢听自己的录音，也可以请你认识的人帮你录，或者通过应用程序将文本转换为不同的声音。

找一个安静舒适的地方坐下,背向后靠,双脚踩在地板上。如果想更舒服一点,还可以在地上放一个垫子或席子。保持适当的姿势,让自己在保持专注的同时放松身体。

根据你的需要多多练习。起初,你可能会发现频繁练习对你有益,将其融入日常生活也可能对你有所帮助。当然,如果你的内心思绪纷杂,也可以通过这项练习厘清思绪。

1. 首先闭上眼睛,深呼吸几次,然后倾听你周围的所有声音。

2. 现在,慢慢转移注意力,去关注自己的想法;尝试锁定它们的位置:这些想法积聚在你身体的哪个部位?是在你脑海里,还是在胃里?是在你的身体上方还是下方?后方还是前方?左边还是右边?内部还是外部?

3. 你的想法以什么形式呈现?是文字还是画面?用什么颜色代表不同的想法?

4. 你的想法是飘忽不定,还是静止不动的?如果静止不动,那它们位于何处?如果飘忽不定,那它们又以怎样的速度在往什么方向移动?

5. 在审视的过程中,留心这些想法的变化。你的想法属于哪种类型?有哪些不同的主题?

6. 你可能会对某些想法产生详细分析或深入探讨的冲动,请留心自己是如何克制这种冲动的。

7. 注意自己审视内心想法的方式:将自己与内心的想法分离开来。你们不是一个整体。

深呼吸几次,用鼻子吸气,用嘴巴呼气。留心你周围的声音,慢慢地将自己拉回现实。

接受自己的想法可以帮助你全面了解自己的感受,而不是用单一的方式去解读自己的经历。也就是说,你的评判方式不再黑白分明、非此即彼,而是更加灵活复杂。回顾洁德的案例我们不难发现,她不需要牢牢抓着那些关于死亡的念头,也不需要时时强迫自己摆脱焦虑。当你接受自己的想法时,你会发现自己不仅有焦虑思维,还有许多别的想法。而之所以会注意到这些,是因为你不再像以前那样频繁地与焦虑思维做斗争,也就是说,你的大脑将不再过分关注那些焦虑的念头。如此一来,你就会发现自己脑海中还有其他正面或负面的想法。

你可以意识到焦虑思维的存在,但不必将其视为确凿的事实。你可以换一种方式对焦虑思维进行表述,新的表述方法不仅更加准确,还能帮助你接受这种念头的存在。

接下来,我们的任务是学着换种方式表达自己的想法,让它们更能反映客观现实。这种技巧可以有效改变你与自己内心想法的关系,让你更关注与自我对话时采用的语言和语调,还能让你与焦虑思维保持一定距离,构建更加客观、更富有同情心的视角。只要你坚持重构思维,让它变得更加准确,更具有建设性,那么随着时间的流逝,你就会自然而然地开始用更有益的思维模式替代消极的思维模式。

任务12　换种方式表达自己的想法

以乔为例,他以前的想法是"我真是太丢人了",而现在他可以把这个想法换成"我又一次想到我真是太丢人了"。如此一来,乔可以有效地将自己与自己的错误认知区分开来,如果坚持练习,它将消弭焦虑思维带来的负面影响。

其他示例:

与其说"我今晚会在睡梦中死去,我感觉得到",不如说"我又一次想到我会在睡梦中死去"。与其说"所有人都会拒绝我",不如说"我又一次想到所有人都会拒绝我"。与其说"我会吐",不如说"我又一次想到我会吐"。

记下一些与焦虑有关的具体例子。每天练习变换表述方式,一定可以带来质的改变;如果你平时想不起来做练习,那就在一天结束时尽量想出3~5个焦虑的例子,然后在日记本或电子设备上记录下来。

请记住,你正在努力改变自己与思维之间的关系。偶尔尝试重新表述自己的想法不能让你达到这一目的,只有将其视为你与思维相处的新方式,才会带来改变,只有坚持才能创造奇迹。

探究自己的想法

有时候,仔细审视自己的想法可以帮助你接受它们的存在。通常情况下，焦虑思维会重复出现，还会遵循特定的主题和模式。以下问题可以帮助你探究自己的想法，接受它们的存在，而不是通过无用的行动来对它们做出反应。

- 这个想法过去是否反复出现？
- 我以前是否听过这个想法？
- 我因相信这个想法而得到了什么？
- 这个想法是否曾引导我采取有效行动？
- 这个想法是否会诱导我采取无效的行动？

除此之外，你还可以向自己的大脑表示感谢，肯定它为你的心理健康所做的贡献，然后给这个想法做好标记。接下来，让我们再做一个练习，并将这项练习加入你的技能库中。

任务13　感谢自己的大脑并给想法做标记

感谢自己的大脑，并给内心的想法做好标记，这种技巧可以帮助你留意并接受自己的想法，而不是让你作茧自缚并受其困扰。此外，它还能帮助你打破负面思维模式,从而降低焦虑思维本身的可信度,并削弱思维对行为的影响。

当你的大脑开始向你呈现焦虑思维并尝试引起你的关注时,请执行以下操作。

首先感谢你的大脑所做的贡献,然后给你发现的想法做好标记,对大脑说:"大脑,谢谢你的提醒,这次出现的又是'你会得重病'的想法。"

如果可以,请把这些话大声说出来;但如果你处于公共场合,也可以只在心里默念;当然,你还可以把它写下来。很快,你就能发掘出一种重复的思维模式。

当这种思维不断涌现时,你只需继续承认它们是你大脑的产物,感谢你大脑的多次提醒,感谢它为你做出的贡献,然后继续标记这个想法,顺其自然。如果它在你的潜意识里反复出现,那也随它去,而与此同时,你可以慢慢将注意力转移到你更愿意做的事情上。

以下是几个范例：
- "这是'有东西卡在你的喉咙里'的想法。"
- "看,'你会生病'这个想法在反复出现。"
- "这是'所有人都在盯着你看'的想法。"
- "'你有神经疾病'这个想法又出现了。"

我在上文为你介绍了几种有助于克服焦虑思维的策略。希望你向自己保证，要定期练习这些技巧。将它们融入日常生活并不需要额外花费大量时间，因为它们可以取代你目前的思维管理模式。回顾一下：你为当前的管理模式花费了多少时间？你能用新方法取代旧模式吗？考虑一下：你为了处理焦虑思维花了多少时间和精力？是否可以用新方法取而代之？

接受焦虑思维，为它们留出空间，无论它们是怎样的想法，都让它们寄居在你的心里。如此一来，你不必再与这些想法抗争，而是可以和它们进行有益互动。

技巧4：理解自己产生焦虑思维的原因

焦虑诱因往往伴随着焦虑思维，通常情况下，这些想法会让你感到痛苦，因此你会试着采取相应措施来缓解痛苦。焦虑思维可能由过去发生的某些事情诱发。在第一章中，我们讨论了焦虑的诱因——了解这些诱因可以帮助你更好地理解自己的感受，也可以帮助你确定在什么时候、通过什么样的方式采取不同的应对方法。

弄清楚自己为什么会出现这种想法，查明其诱因，弄明白过去发生的哪些事情巩固了这种想法，以及哪些因素会增强其影响力，有利于你更好地管理焦虑思维。如果你没有构建这种清晰的认知，就更有可能产生可怕的想法，让你立刻感到困扰，然后冲动地做出反应。这正是我们要摆脱的模式：我们需要放慢脚步，认真反思，而不是再次陷入相同的恶性循环，在焦虑和恐惧之间反复摇摆。当你再次陷入这个循环时，你的焦虑感会被强化，变得更加强烈。

想法
我有一个可怕的想法

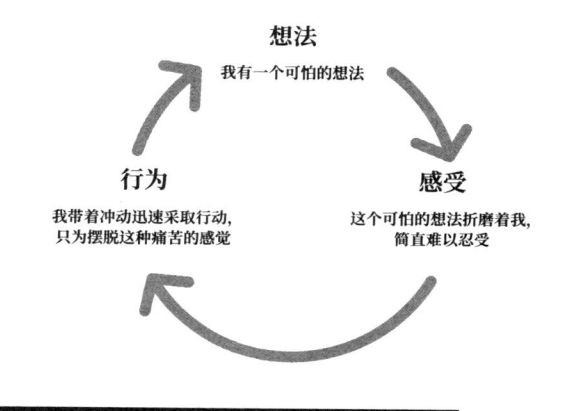

感受
这个可怕的想法折磨着我，简直难以忍受

行为
我带着冲动迅速采取行动，只为摆脱这种痛苦的感觉

患者案例：阿米娜的旅行焦虑

我的患者阿米娜只要一离开家，就会遭受严重的焦虑困扰。家就是阿米娜的安全区，她根本不想离开，尤其是在外过夜时，离家越远，她的焦虑感就越强。阿米娜会不断地想："如果发生这种情况怎么办？""如果发生那种情况怎么办？"她还会想："如果我的焦虑感完全失控，我就没法立刻回家，我会被困在这儿。"

随着出发时间的临近，阿米娜的焦虑感也会越来越强烈。她开始失眠，胃里翻江倒海，也无法正常进食。显然，阿米娜之所以感到焦虑，是因为她即将离家远行。阿米娜非常讨厌出门，所以她的焦虑感在即将出行时不断加重，这也情有可原。阿米娜将焦虑误以为是宇宙发送的信号，以为这是在暗示她会出事。当然，也正是这种感觉让她身体不适，但对阿米娜来说，这种不适感就像是一种征兆。对她而言，要想摆脱这些可怕预想所带来的影响，就要认识并理解自身的焦虑诱因。阿米娜的旅行焦虑始于她在度假时经历的一次恐慌发作，从那以后，她的大脑就顺理成章地在每次出门前释放恐惧信号。但实际上，阿米娜的焦虑并非不祥之兆。

你的想法并非无端出现，所以你需要花时间对其进行探究和理解。可能某个事件或经历就是这些想法的诱因。请尝试回答以下问题，从而厘清自己的思绪。

弄清楚自己为什么会出现焦虑思维。
● 这种焦虑思维是否由某些外部（身体外部）事件导致？是什么外部事件？

◉ 这种焦虑思维是否由某些内部（身体或大脑内部）事件导致？是什么内部事件？

◉ 在这个想法出现之前，我在做什么？

◉ 我的焦虑思维是否由周围情境所引发，我是否看到或听到了什么？

◉ 我是否回忆起过去的某些痛苦经历？是某段记忆、某幅画面或某种感觉引发了这个想法吗？

◉ 为什么我的想法可以被理解？它的出现有什么道理？我产生这种想法一点也不奇怪，因为……

该问题可以有如下回答：

◉ "我想起了某些糟糕的事情，它影响了我的思绪。"

◉ "我刚刚看到了一些糟糕的东西，所以将那个想法投射到自己身上。"

◉ "我听到了某些坏消息，从而引出了这个想法。"

◉ "我的大脑会习惯性地产生焦虑思维，这并非毫无道理。"

◉ "我的胸口产生了一种奇怪的感觉，让我想起以前恐慌发作时的情景，于是这种感觉引发了我的焦虑思维。"

一旦回答这些问题并理解了焦虑想法的存在，你就不需要再将这种想法当作客观事实，无须对它做出回应或采取行动。相反，你可以使用第三章中的技巧来缓解自身焦虑。

许多事情都可能引发焦虑思维，但无论触发因素是什么，它们都不会变成客观事实。这些想法有其存在的道理，只要理解这一点，你就可以从一定程度上接受它们的存在。

技巧5：不要过度认同自己的想法

在学习这项技巧之前，你不妨先伸出双手，手掌朝前，然后轻轻将双手放在面前，不要闭上双眼。你看到了什么？只有你的双手，也许透过微小的缝隙也能看到一点光，对吗？慢慢将双手放到腰部，现在呢？你的视野更宽广了。这就是过度认同自己想法的后果——你会与这些想法纠缠不休，无法再接纳其他观点或视角。以下技巧可以帮助你改变这种思维模式。记住，尽管焦虑情绪可能会让你以为自己的想法就代表自己真实的样子,但事实并非如此。

焦虑可能会让我们过分相信自己的消极想法,这些想法可能与自身或他人有关,也可能涉及我们的生活和某些特定的情况。过分相信自己的消极念头可能会让我们饱受折磨。一旦深陷其中,就会出现各种痛苦的想法,因为此时你已经逐渐与这些强烈的念头融为一体,几乎成为它们的化身。

患者案例:以斯拉的心脏问题

我的患者以斯拉对自己的心脏问题感到焦虑,他总担心自己会突发心脏病。与许多类似患者一样,以斯拉格外关注自己的心脏功能,密切监测着自己的心率和心跳节奏的变化。以斯拉的焦虑想法包括"我患有诊断不出的心脏病""我需要格外小心,以防心脏病发作"。

以斯拉通过改变自己的行为过度认可了焦虑思维:他开始像真正的心脏病患者一样生活,避免剧烈运动,不锻炼,甚至走路时的心率变化都会让他放慢回家的脚步。他一举一动都小心翼翼，经常花很多时间休息，以免"病情"恶化。我们可以清楚地看到，以斯拉让负面想法逐渐成为现实。他表现得好像焦虑的事情是真实存在的，并且按照焦虑的内容展开自己的行动。

过度认可自己的想法，会让你很难将自身与这些想法区分开来，你会觉得你就是自己以为的样子，虽然事实并非如此。在某些情况下，特别是在你忙起来时，这些被你过度认可的焦虑想法不会占据太多精力，于是你可能会稍歇片刻。

你很容易迷失在自己的内心世界，用不了多久，这种思维模式就会在你的心里根深蒂固。在本节中，我会为你提供另外三种方法，帮助你学会将自身与自己的思维区分开来，从而避免对它们产生过度认可，或者削弱这种认可。如果坚持练习，这些方法可以帮助你更客观地看待自己的焦虑思维。

这些方法能改变你与自身思维的关系。通过改变表述方式，你可以与焦虑的想法拉开距离，从不同的角度来看待它们，而不是深陷其中。

任务14　不要过度认同自己的想法

一、用声音与自己的想法拉开距离

我偶尔会在社交媒体分享这个练习方法，粉丝们都会开心地参与其中。这项技巧可以让你与自己的焦虑思维拉开距离，效果显著。你可以用熟悉的旋律或是能够产生共鸣的节奏将心里的想法表达出来，开头就是"我的想法告诉我……"，后面接上这些想法的具体内容，重复几次。

除此之外，你还可以用不同的声音或口音将自己的想法表达出来。当你发现自己内心产生某个想法时，不妨用活泼的语调把它大声说出来，开头就说"所以这次，我的想法告诉我……"，后面接上这些想法的具体内容。

以斯拉对心脏问题感到焦虑，那么他可以这样表达自己的想法。

"我的想法告诉我，我有心脏病，它让我担心自己今天会心脏病发作，并因此离世。"

以斯拉把这句话大声重复了几次，还用利物浦方言把自己的想法大声说了出来：

"所以，和以前一样，我的想法又在告诉我，我将死于那根本不存在的心脏病。"

你还可以在亲人、朋友，甚至镜子前表达这些想法，同时用手机录像。当相同的想法再次浮现时，你就可以回看这段录像。还可以加上手势和动作，让这段录像更有喜剧色彩，更加引人入胜。它和你平时的形象反差越大，你与自身想法之间的距离就越远。试着练习这项技巧，看看它能对你产生什么影响。定期的练习可以增强你对自身想法的观察能力。改变表述方式后，这些想法就能和普通的想法区分开来。如此一来，大脑就不会自动将其当作不可否认的事实，从而让你与它们保持距离，并采取更加客观的态度。

二、为你的想法赋予一个身份

为你的焦虑思维，乃至整个焦虑情绪创建一个身份，这种方法可以帮助你与这些想法保持距离。你可以将焦虑想象成一个四处宣传的霸凌者或独裁者。一些患者发现，将焦虑症状当成自己所讨厌的发号施令者也有助于缓解焦虑。当焦虑情绪向他们传达信息时，他们就想象自己讨厌的人在对自己说着完全相同的话。然后，他们就在心里回应说："我不会再让你支配我、欺凌我。你凭什么指挥我？你没有这个权力，我也不会满足你的无理要求。"

为了让这个过程更加简单明了，请不要把焦虑思维想象成你害怕的人，或者可能引起你强烈情绪反应的人。

三、改变你对焦虑思维的反应方式

如果你的想法告诉你——你的心脏有问题，然后你就开始像真正的心脏病患者一样生活，那么这些想法就会更加根深蒂固。它们越强大，出现的次数越多，你就越有可能继续认同它们。为了不让自己成为焦虑想法的化身，你需要改变自己的反应方式。你必须克制自己的行为，最终不再按照内心的想法行事。要想摆脱焦虑问题，就不要用行动去支持焦虑思维。

改变对焦虑思维的反应方式并非易事，因此要从小处着手，制定切实可行的目标。想要做出

改变,可以从以下几种简单的方法入手:

1. 我做的哪些事情会强化焦虑思维?

2. 我经常做这种事吗?

3. 我每次会在这种事上花费多长时间?

掌握这些信息后,你就能以温和的方式改变自己对思维的反应。同样以以斯拉为例:

1. 我做的哪些事情会强化焦虑思维?

每次走路时,只要心率变化太大,我就会立刻停下来,坐着休息。

2. 我经常做这种事吗?

我每次走路都是如此,实际上,我已经缩短了步行的路程。

3. 我每次会在这种事上花费多长时间?

我每次走大约6分钟就会检查一下心率,然后停下来休息15分钟,再慢慢走回家。

利用上述答案做出可行的改变。在以上案例中,以斯拉可做如下改变:

1. 散步时不再检查心率。如果实在做不到,就等10分钟后再检查,以后再走路时依次增加两分钟。最后，他会等到30分钟后再检查心率。

2. 如果停下休息，他会缩短休息时间，先从15分钟缩短到7分半，然后在可行的情况下再减半。

3. 如果走路回家，他会保持稳定的步伐，不会太慢也不会太快。

根据自己的情况，将可行的改变记录下来，并将其保存在笔记本或电子笔记中。

你不是自己想法的化身，而是你自己。你的思想与你相互独立，你可以通过不同的技巧与焦虑思维保持适当的距离。

第二部分　评估焦虑思维

技巧1：监测焦虑思维

接下来发生了什么？

焦虑思维经常陷入重复的模式。尽管这些有害的思想已经折磨你很久了，而且从未成真，但你仍然依附于它们，对吗？这就是焦虑思维的运作方式，你需要筛选这些重复性的想法。本节中的技巧会指导你进行筛选，如果定期练习，焦虑思维将会减少。

关于这项简单的技巧，请看下面这张表格，根据自己的情况在笔记本或电子设备上进行填写。记录填写日期、焦虑思维所警示的内容，以及这种警示是否成真，如果没有成真，那实际情况究竟是什么。

焦虑思维监测表

日期	焦虑思维在警示什么?	它的警示是否成真?	如果没有成真，那实际情况究竟是什么?
4月1日	你会晕倒	否	我很焦虑，但没有晕倒
4月20日	你会晕倒	否	我在继续做手头的事情
5月5日	你会晕倒	否	什么都没发生，我很好

列出这样一份表格后，继续往里面填写自己的想法，继续记录警示是否成真，以及焦虑思维出现后发生的实际情况。你很快就会注意到，焦虑感受和现实之间存在很大差异。另外，每加入一个新想法后，你也可以数一数否定答案的数量，并把结果大声说出来，例如"到目前为止有14个'否'"，此举可以帮你正确处理你所遇到的实际情况。它增强了你对这种想法的理解，让你意识到主观感知对客观现实的曲解，

从而促进思维过程的自然重构。

为了提供进一步帮助，我将在此列举一些与各种焦虑问题相关的思维示例。对于每种念头，我们都要确定焦虑的预测是否成真。可以看出，这项技能关注的重点是预测性的想法，这些想法往往指向特定的结果。

焦虑思维示例

一般性焦虑	我会迟到。
	我会搞砸今天的工作。
	我的学术研究会变得一塌糊涂，这个项目会失败。
健康焦虑	我的心脏不太舒服，我担心会心脏病发作。
社交焦虑	我今天会在会议上出丑，大家都会笑话我。
恐慌症	我今天会在路上恐慌发作，甚至可能失去理智。

焦虑总是不断做出可怕的预测，你可以仔细而客观地监测这些警示信息。此举将帮助你调整思维，适应扭曲的感知。

技巧2：想想与焦虑思维相反的事情

焦虑思维可能会滋生恐惧，这种恐惧可能会让你忽视与之相反的一切，忽略所有中性或积极因素会使你陷入消极情绪中。这种倾向还会使你忽视那些无须担心的事实。焦虑会让人产生恐惧，因此你可能会过度关注负面信息，尽管大量事实证明实际情况并没有那么糟糕。忽视积极因素、关注消极因素会让你产生更多的困扰。

患者案例：里斯的理智

里斯一直觉得自己在慢慢失去理智，并与现实脱节，这种焦虑情绪不停地折磨着他。他经常感到焦虑，担心自己可能会"疯掉"，或在28岁患上阿尔茨海默病。在最焦虑的时候，他会忘记自己要说的话，或觉得词不达意。在他看来，这是某种罕见病症的征兆。里斯的思维会高速运转，难以自控，这是人们极度焦虑时会出现的症状。和许多患者一样，里斯的焦虑情绪会强化他的恐惧，也就是说，他的脑海中只有那些能够滋生恐惧的想法。因此，里斯必须学会拓宽视野，对所有因素进行全面审视，而不是只考虑那些吸引他注意力的可怕事物。

考虑其他可能性后，里斯意识到自己的问题在某种程度上由长期缺乏高质量的睡眠所造成。此外，他每一天、每一周都要做数百件事情，如果他真的失去了理智，他根本不可能处理这么多事，这些中性或正面的事情也需要得到关注。此外，有些事情根本无法印证他正在失去理智的假设，而且他对自己的了解也相当深刻。我问里斯，如果他最好的朋友有同样的恐惧他会怎么做。他告诉我，他会列出朋友能做的所有事情——朋友的真实表现、沟通方式和他们所有的能力，让他们意识到这些想法是错的。里斯还发现，当工作压力较小、睡眠较好时，他的思维方式会有所不同。最后，里斯还发现，从十几岁开始他一直都有这种想法，但实际上他的日常能力没有任何变化，所以他的状态可能还不错，并没有失去理智。

下面，我将列出一些问题，帮你更全面地考虑自身情况。回想那些与焦虑思维相反的事情可以帮助你远离焦虑思维。同样，你练习得越多，熟练程度就越高，你的大脑也更能全面考虑问题。如此一来，你的焦虑感也会大大减轻。

1. 还有哪些可能性是我没有考虑到的？

2. 哪些实际情况与我的焦虑想法不一致？

3. 哪些实际情况与我正在思考的观点全然或部分相悖？

4. 过去发生的哪些事情完全不符合这种焦虑思维？

5. 如果其他人产生了这种想法，我该如何提醒他们？

6. 过去发生过这种情况，后来证明我的想法是错的，事后我是怎么想的？

7. 这种想法是否在不断重复，目前为止，这种重复模式让我学会了什么？

焦虑容易滋生恐惧，让你只关注那些痛苦的事情。你可以质疑这些观点，以拓展自己的思维。此举有助于训练思维，让你考虑到更多可能性，特别是那些与焦虑想法相悖的事情。

技巧3：理论A还是理论B？

本节所讨论的技巧旨在对与焦虑有关的两种理论进行应用。理论A认为，焦虑是正确的，你的焦虑思维和它提出的警示将会成真。而理论B则认为焦虑才是本质问题，它总让你相信那些不会发生的事情。对于那些让你害怕的念头，你是否怀疑过其真实性，或者觉得它其实是焦虑情绪产生的影响？我发现，一起使用理论A与理论B会对患者产生深远的影响，因为这项技巧可以让他们利用自己的经验发现真相，而不是只靠我的引导来认清现实。向他人寻求安慰往往欠缺说服力，如果患者能亲自检验这些理论，对理论A与理论B进行应用，就可能会取得更好的结果。

在烹饪过程中，人们要对原材料进行精心烹制和组合，这样才能做出美味的菜肴；同样，信息需要经过仔细加工和分析才能形成正确的认知。不完整、不准确的想法就像半熟的食材，不仅难以下咽，还有害健康。而关于焦虑思维，存在这样两种相互竞争的理论。理论A认为焦虑思维没错，理论B则认为焦虑才是问题所在，它总让你相信一些完全不真实的事情。就像半熟的菜肴一样，不完整的理论也存在缺陷，需要加以识别。比较这两种理论能帮助你全面考虑问题，从而确定最佳理论。焦虑思维就是那些尚未分析透彻的想法。烹饪需要时间、精力和对细节的关注；同样，对这两种相互竞争的理论开展分析也是如此。好在这一过程有助于自我反思，并有利于你选择与实际情况相符的理论，从而帮你实现最终的目标，战胜焦虑。

在验证两种理论的真实性时，要保持开放的心态。不要侧重于相信其中一种理论，而要对各种证据进行调查和评估，从而做出明智的决定。你的目标是确定哪种理论背后的实证更多，哪种理论缺乏证据支持。在此过程中，你能学会收集必要信息，并对每种理论的有效性做出明智的判断。

患者案例：珍妮的两种理论

患者珍妮和我共同学习了这个技巧，她的两个理论如下：

理论A——我正在经历的心悸是心脏病发作的迹象。

理论B——我正在经历的心悸是由焦虑引起的生理变化，这种生理变化是无害的。

然后，我要求珍妮在接下来的两周记录她出现心悸时的情境。她通过一张表格记录了自己的经历。

珍妮出现心悸时的情境记录

日期	情境和结果	理论A还是理论B？
4月11日	我在与朋友散步时感到焦虑，并开始过分关注自己的心跳，注意到了胸腔内心脏的跳动。	我没有心脏病发作，所以是理论B。
4月20日	我参加线上健身课时心率增加，感到非常焦虑。	我没有心脏病发作，所以是理论B。
4月26日	我在家庭聚会时感到无比燥热，同时伴有心悸。	我没有心脏病发作，所以是理论B。
4月27日	参加单位体检，非常害怕医生说我有心脏病。此时，我的心跳很快。	我没有心脏病发作，所以是理论B，医生也说这种现象是焦虑引起的。

你可以参照珍妮的例子，根据自己的情况拟出两种不同的理论，并加以验证。用两周时间记录你出现生理症状时的情境，并观察生活中发生的事情与哪种理论相符。两周后，回顾自己的经历，看看哪种理论能得到更多实证支持。希望你可以在所有情境下使用这种技巧。当你对这两种理论进行验证时，这种技巧能够发挥很大作用。

从珍妮的案例不难看出，理论B得到了证实。尽管她确实有焦虑症状，但心脏完全没问题。通过这种方法，珍妮发现自己的心脏本身没有问题，而焦虑症状才是问题所在。意识到这一点后，她不再像以前那样恐惧，症状也有所减轻，不再频繁受到焦虑思维的困扰。她还发现，当自己承受压力时，自然就会出现心跳加速等反应。

你的焦虑思维要么准确无误，要么会使你相信不真实的事情。你可以花两周时间对自己担心的症状进行评估，从而验证两种理论的真伪。

第三部分　转化焦虑思维

技巧1：寻找其他解释

至此，你已经充分意识到焦虑情绪对认知所产生的影响，知道焦虑更容易滋生恐惧，还会将焦虑思维放大到极端程度。当焦虑占据上风时，人们往往会听从它的命令，因为它能向人们灌输一种难以克服的恐惧。这种恐惧会让你难以用其他方式解释自己感受到的情绪。然而，与焦虑导致的扭曲认知相比，其他解释通常能让你对现实产生更准确的理解。

你不妨把焦虑想象成世界上最糟糕的室友，他们不停谈论着你内心深处的恐惧，除此之外不会给你提供任何信息。他们的声音在你耳边不断回响，让你的恐惧挥之不去，也让你难以考虑其他事情。这些烦人的室友就像住在你的脑海中一样，无论你多么努力，都无法摆脱他们。他们总让你难以专心地做其他事情，让你心里充满恐惧。就算他们没有和你说话，那些声音也总是挥之不去，不断重复着那些可怕的事情，让你筋疲力尽、不知所措、茫然无助。要想摆脱这种无力感，就要敞开心扉，倾听其他声音，不能让这些可怕的声音完全占据你的脑海。

患者案例：艾米莉的可怕念头

艾米莉几乎每天都在与焦虑思维做斗争，她坚信自己马上就会心脏病发作，但实际上艾米莉根本没有心脏病。这种差异表明，焦虑思维让她产生了错误的认知。如果她的念头是真的，那她的心脏病早就该发作了。但实际上，艾米莉已经被这种痛苦的想法折磨了3年。为此，艾米莉开始为这种令人不安的想法寻找其他解释。这些想法大多由焦虑引发，接着，她就会感到心悸，这也是焦虑情绪引发的生理症状之一。心悸症状总让她以为自己会心脏病发作。多年来，艾米莉始终抱有这一想法，她的焦虑症状也没有得到任何缓解。实际上，她的焦虑还在不断加剧，身体症状也随之加重。对艾米莉而言，这种感觉非常强烈：焦虑症状越来越重，出现的频率越来越高，于是她相信自己一定有心脏病。

在为自己的感受寻找其他解释时，艾米莉提出了一些更准确、更令人安心的可能。

"我对心脏问题感到焦虑，但我没有心脏病，是焦虑让我产生这种感受。"

"我的心率和心跳节奏肯定发生了变化，我能感觉到心脏的跳动。这可能是因为我刚刚在吸尘，这不是心脏病，因为我没有这种病。"

"我今天觉得心悸是因为在众人面前做工作汇报时感到非常焦虑。我很紧张，这是正常的身体反应。"

我要求艾米莉每次出现心脏病发作的念头时都去寻找另一种解释。起初，这种念头还会常常浮现，但很快，它的出现频率就开始减少。虽然在焦虑的影响下艾米莉无法完全相信其他可能性，但没关系，这项技巧的重点在于试着向大脑提出其他观点。

你可以像艾米莉一样展开练习，在心里寻找更能帮助你对抗焦虑的建设性想法，这些想法更平常、更现实，也更准确。通常，焦虑症状本身会被误当成其他病症，这一点不难理解，因为它们带来的感受可能非常强烈。我们要寻找的不是那些由恐惧催生的夸张想法，而是可能性更大且不太会引起焦虑的解释。

焦虑会让你产生一种灾难即将降临的感觉，这时不妨将这种感觉想象成一个半满的水桶。如果你只关注焦虑施加给你的负面想法和行动，并选择向其屈服，那你就相当于往桶里扔了一块沉重的石头，水位会因此上升。每当逃避或忽视那些与恐惧念头相矛盾的事情时，你就是在往桶里投入更多石头，让水面不断上升，焦虑进一步加强。最终，桶里的水会因焦虑而溢出，你会彻底被焦虑淹没。要想减轻焦虑带来的痛苦，就要改变自身对负面思维的反应方式。与其把它们当作真实的病症,不如将其视为焦虑的表现。如此一来,你就从桶中移除了一块沉重的石头,让水位下降。不要只关注负面想法,而要在心里寻找其他中性或正面的可能,不断从桶中移除更多沉重的石头,让水位下降,让焦虑得到缓解。在审视这些焦虑思维时,如果你没有立即选择相信,而是在评估真实性之前允许它们存在,那你就是从桶中取出了更多沉重的石头,进一步降低了水位,也减轻了焦虑。如果能坚持练习,你就可以削弱焦虑思维的影响,同时抑制由这些想法催生的行为。

对焦虑感的解释

焦虑催生的想法	其他解释1	其他解释2	如果条件允许,请记下那些经过证实的想法
我的心怦怦跳,我会得心脏病。	焦虑自然会导致心率上升,因为我在带着焦虑思考问题,所以心跳加快。我不会有事的。	我心跳加快是因为我刚刚跑着上了两层楼。	这不是心脏病的症状,我没有心脏病。之所以有这种反应,是因为我跑上了楼梯,然后感到心跳加快,并为此感到恐惧。
苏菲还没到,她可能出了车祸。	苏菲可能因为堵车才迟到。	苏菲被工作耽搁了。	苏菲说,有辆抛锚的车把路给堵了。

现在该你练习了。你可以制作一张类似的表格，或在脑海中进行练习。在起始阶段，建议你把这些想法写出来，或使用电子设备进行记录，等到熟练以后，就可以在脑海中练习。以下三个问题可以进一步帮你练习这项技巧：

1. 我的焦虑思维以前有没有预示过这种情况？如果有，最后是否应验？

2. 如果这种生理感受不是我所以为的病症，那它还有怎样的解释？

例如：这是一种焦虑症状，这种姿势我已经维持太久了，我没有吃饱喝足。

3. 我有考虑到所有可能的因素吗？

焦虑会扭曲人的思维，你需要为自己所体验的感受寻找其他解释，这一点很重要，很可能其中某种解释就是真的。

技巧2：改变有问题的思维模式

仔细研究自己的思维，对有问题的思维模式展开分析，这是管理焦虑思维的另一种策略。还记得第一章提到的思维模式吗？当你确定自己陷入有问题的思维模式时，你心中的某些负面情绪也能得到缓解，如此一来，你就能后退一步，获得更广阔的视角。那么如何在实践中应用这一技巧呢？很简单，你只需将这个想法写下来，然后在旁边注明它的思维模式类型。例如："尽管医生说我没病，但我还是觉得这个肿块是恶性肿瘤，而且是晚期。"这就是小题大做型思维。

你还可以制作一个简单的表格，如下页所示，在其中一列中记录自己的想法，然后在旁边注明有问题的思维模式。表格的第三列非常重要，你需要在这里记下自己抛弃特定思维模式后产生的想法。你的焦虑思维容易滋生恐惧，所以这种方法可以让你的思维变得更加公正客观。想象自己正在超市推着一辆半满的购物车，它不断向一侧滑动，在此情况下，你会怎么做？你会调节把手，控制购物车的走向，让它径直往前滑动。同样，在应用这项技能时，我们的目标是在心理调节思想的"购物车"。当你发现自己的思想开始朝某个方向偏移时，请试着用其他的想法让思想重回正轨。如果你没有遵循这种思维模式，你会产生怎样的想法？一旦有新想法出现，就把它们记录下来，从而纠正原有的思维模式。例如，跳出小题大做型思维模式，你会怎么看待自己的感受？当然，你也不用立即相信这种替代性观点。在起始阶段，你只需考虑其他观点即可。随着时间推移，经过大量练习后，这个过程将变得更加自然，你内心的消极想法会越来越少。

不同思维模式的比较

想法	错误的思维模式	正确的思维模式
我感觉到的这个肿块是恶性肿瘤，而且是晚期。	小题大做思维	我不知道它是不是恶性肿瘤，也没有任何迹象表明它就是。
我必须每天准时到公司上班，否则我就是个失败者。	非黑即白思维	别人有时也会迟到，他们并不是失败者。
我知道我一出门就会生病。	预言思维	我不知道自己会不会生病，之前的5次预测都是错的。
我知道他们正在心里议论别人，所有人都是如此。	读心思维	我不知道别人在想什么。
我是如此软弱，其他人就不会这样。	贴标签思维	许多人都会感到焦虑，但我不觉得他们很软弱。

续表

想法	错误的思维模式	正确的思维模式
这种事如果发生在别人身上，就一定也会发生在我身上。	个人化思维	事实并非如此，知道某件事的存在并不会提高它发生的可能性。
我觉得很温暖，噢，天哪，我要晕倒了。	夸大思维	我每次都这样想，但这种想法从未成真。
我总在犯错，现在又犯了一次，事情被我搞砸了。	思维过滤	我把所有未曾犯错的经历都筛除了，只关注这个令我焦虑的错误。
幸好我总是想得很多，若非如此，我就会准备不足。	将焦虑视为积极情绪	过多的思绪让我浪费了很多时间，实际上，处理问题并不需要耗费这么多时间。另外，它还让我的生活少了很多乐趣。

请时常仔细研究自己的思维，辨别有问题的思维模式，重建思维模式，变换表达方式，从而消除容易引发焦虑的错误想法。

技巧3：不要再做最坏的打算

你是否会时常出现某种焦虑思维，让你去设想最坏的结果？这种预设灾难性事件的思维倾向就是最坏情况思维。这种思维模式在焦虑症患者身上非常常见。根据我的临床经验,这是最常见的一种焦虑思维模式。最坏情况思维有着强大的影响力,可以让人将普通的头痛当成可怕的脑瘤,将计划取消当成别人拒绝自己的借口,或者将一次普通的飞行设想成空难。你的思维好像总是要让你相信,最坏的结果不仅有可能发生,而且发生的可能性极大。

这种思维的力量非常强大,你只需想象尚未发生的事情,就会在心理和生理上感觉它们此刻正在发生。这种对最坏情况的设想能力让人们具备了适应性优势,有利于人类的生存繁衍,但现在,我们几乎不需要这项优势。如果你不断被这种思维折磨,就会感到筋疲力尽。我们能想象出各种可怕、奇怪、奇妙和激动人心的事情。因为充满焦虑情绪的大脑更容易产生恐惧,所以焦虑症患者通常会坚定不移地相信那些令自己恐惧的想法,通常是与厄运和灾难有关的念头。最坏情况思维会让你在心理上接收到更强烈的威胁性信息,从而导致更大的生理压力。最坏情况思维会让你与高级别的威胁信息建立密切联系,你会将注意力集中于这个与灾难有关的念头,从而产生极大的恐惧。

当你设想这些可怕的情况时,很可能会产生与之相称的情绪反应。如果你设想的是某些灾难性事件,你的情绪反应就会非常强烈。人们经常将这种强烈的情绪反应进一步视为灾难降临的预兆。此时,你会根据自己想象的灾难预测未来,并将这个灾难与强烈的情绪反应联系起来。实际上,你的思维和情感对未来的灾难没有任何预测作用。

许多患者都会将这种强烈的情绪反应当作宇宙传递的"讯息","我不会无缘无故产生这种感觉,它一定预示着什么",它们看似某种参考信息,实际上只是无数人都曾出现的一种焦虑症状。

最坏情况思维是焦虑的产物和表现,它们与实际情况并不相符,最佳的处理方法是将其视为焦虑的症状。马克·吐温曾说:"我的生活中有很多担忧,所幸它们大都没有发生。"你对未来的设想会对你的心理和身体健康产生很大影响。如果你一直告诉自己未来充满厄运和灾难,那你就根本无法获得快乐。要想改善这种状况，就要对未来秉持更加中立的态度，甚至不必过于乐观，只要现实些即可："生活有起有落，美好就在前方，当然，挑战也必不可少。"

焦虑就像失灵的导航系统，只能让你看到最坏的情况。如果你一直遵从它的引导，盲目跟随，最终就只能来到一个你不想去的地方。要想避免这种情况，就必须在导航系统中输入新的内容。你必须选择不同的路线。导航系统只能把你带到你所输入的目的地，同样，你的思维只能根据你的引导来为你指明方向。你有能力影响自身的思维。重要的是，你要谨慎地、有意识地选择你想遵循的思维，这样它才会引导你走上更有益的道路。

最坏情况思维会给你施加重重障碍，它会让你习惯性地预设最坏的情况，同时妨碍你的日常生活，因为它会让你回避问题：如果你不断去设想最坏的情况，那么你就不愿再做任何事情，也不愿再去任何地方。这种思维模式的问题在于，你的大脑会自动相信这些念头，几乎无法再接受其他可能性。只想着这些念头会让你感到更焦虑吗？这种思维模式是会帮助你克服焦虑,还是会让你承受更多痛苦呢?迄今为止,你的经历给你带来了哪些启示?

以下三种技巧可以帮助你改善最坏情况思维,每一种都值得花时间练习。

任务15　给你的思维提供更多选项

你需要让自己认识到最坏的情况并不是唯一可能出现的结果,同时,你还要努力摆脱这种默认模式。

- 我设想的最坏情况。
- 其他可能的结果。

在笔记本或电子设备中记下其他可能或不可能发生的事情,还可以想想那些可能性更小的事情,试着记录两三个其他可能出现的情况。

一两周后,再回来看看当时的设想,圈出那些最终成真的想法。你所设想的最坏情况是否理性?对这些结果进行记录可以提高你的思维能力,使你的灾难性视角得到控制。

患者示例：尼科的可怕想法

让我们通过另一个临床案例来了解这项技能。患者尼科饱受最坏情况思维的困扰，他的思绪会在各种不同事件之间跳跃。有一次，尼科正在接受入职体检，在等待血常规检查的时候他觉得自己要死了，还认为医生肯定会根据他的血液样本诊断出绝症。尼科脑海中产生了与之相关的可怕想法和画面，根据上文提到的技巧，他记下了其他可能出现的结果。

- 我身体没有任何问题，各项指标都正常。
- 有些指标可能略微偏高，但不需要进一步治疗。
- 我可能有点小毛病，可以通过改变饮食结构来改善。

验证最坏设想的准确性：

下列问题可以帮助你审视那些最坏设想的准确性。我建议你尽量经常进行这项练习。练习的次数越多，效果就越显著。

1. 最坏的设想是否成真?
2. 如果没有,那实际情况是什么?
3. 你认为这个最坏的设想准确吗?
4. 你以前有过这种想法吗?
5. 如果有过,那么这种想法持续了多长时间,应验了多少次?
6. 回顾过去,这种想法更多停留在你的幻想之中,还是往往会成为现实?
7. 根据你的经验,如果这种想法再次出现,最好的应对方式是什么?

让我们通过尼科的案例来对上述技巧的实践方式进行说明。

1. 最坏的设想是否成真?

没有成真。

2. 如果没有,那实际情况是什么?

实际上,我的血液指标没有任何问题。

3. 你认为这个最坏的设想准确吗?

完全不准。

4. 你以前有过这种想法吗？

是的，每次做其他医学检查时，我都会设想最坏的情况。

5. 如果有过，那么这种想法持续了多长时间，应验了多少次？

大约8年了，但从没有应验过。

6. 回顾过去，这种想法更多停留在你的幻想之中，还是往往会成为现实？

这种预测并不准确，它更像是我恐惧的化身，只是我的恐惧一直在让我设想着最坏的情况。我感觉很糟糕，所以我以为检查结果也一定很糟糕。

7. 根据你的经验，如果这种想法再次出现，最好的应对方式是什么？

不要立刻相信它，而要采取更加批判的态度，仔细审视这种想法，还要尽量多思考其他可能性。

任务16　最坏情况与最好情况

这是一项我和患者都很喜欢的技巧，它的效果很显著。焦虑思维往往伴随着最坏的设想，每一天、每一刻都让人感到困扰。通常，这些最坏的设想不会成真，可即使如此，它们也会被其他设想所替代，也有人觉得"如果这次没有发生，下次肯定会发生"。

因此，在这项练习中，我希望你设想出一种最佳状况，并设想这种情况真正发生后的场景。在练习过程中，先写出你所设想的最坏情况。然后问自己，如果最终得到了最好的结果，那又会发生什么？

在记录这些细节时，要尽量去设想最佳状况，使自己完全沉浸其中，想象当时的画面。你在哪儿，在做什么？谁和你待在一起？充分调动自己的感官来想象当时的场景。你能听见哪些声音？闻到什么气味？可以触到什么东西，尝到什么味道，体会到哪种质感？

尽量花几分钟来完成这项练习，也可以闭上眼睛，在脑海中构思画面，因为这样可以产生更强烈的视觉效果。

在进行这项练习时，尼科能在自己脑海中构建出一个美妙的场景，其中包含生动的画面，还有丰富的感官体验。他想象自己在家里舒适地工作，房间里播放着他喜欢的背景音乐，他的狗在他身边休息。当他沉浸在这个想象中的场景时，电话响了，医生告诉他血液检测结果没有问题。一阵幸福和宽慰之情涌上心头，他在桌前休息了一会儿，泡了一杯咖啡，嗅着它的香气，品味着它的醇香。请注意，尼科在幻想中调动了所有感官。希望你也像他一样，为这个场景增添细节。只要有需要，你就可以随时重温这个场景，帮助自己缓解最坏情况焦虑思维。

▶夜间出现的最坏情况设想

根据临床经验，我发现许多人在夜间更容易受到最坏情况思维的影响，更容易将威胁性的念头当成厄运的先兆。如果你也出现了这种情况，那么在想要放松休息时，你可能会感受到强烈的恐惧。夜间出现的最坏情况思维经常将你的注意力引向负面的、潜在的灾难，然后它会激活你的神经系统，让你保持警惕，从而难以入眠。重要的是，你要意识到自己夜间的思维不像白天时那样理性，疲惫感会削弱你解决问题的能力。解决的办法之一是在晚上记录自己产生的非理性的、可怕的想法，然后等到早上更加清醒时对这些想法进行重新评估。如果无法停止思考安心入睡，就可以回顾前面"正确的基础"中提到的睡眠方法。

你可以利用本章介绍的技巧来处理最坏情况思维。这种想法也许不会立即消失，但如果你持之以恒、积极自救，其影响终会淡化，并逐渐消失。一旦你努力克服了这种思维，并如第一章所说，接受它的存在，那么你就可以将注意力转向其他事情。如果这种想法挥之不去，就允许它存在吧。你现在已经明白了它不会立即消失的原因，它依然有存在的道理。就让它存在，然后继续完成你打算或需要做的事情吧。

最坏情况思维是焦虑常见的表现，它会让你专注于最坏的情况，增加生理压力，维持焦虑情绪。你可以通过各种技巧让自己摆脱这种狭隘的思维模式。

技巧4："万一"思维和以问题为基础的思维模式

除了设想最坏情况之外，"万一"思维和以问题为基础的思维模式也是常见的焦虑症状。如果没有遭受焦虑情绪的困扰，你就不会沉浸在这种思维模式之中。当你预测未来可能发生的情况时，自然会产生一些基于问题的想法，但它们只是偶尔出现，往往不会像焦虑思维那样一直在你的脑海中挥之不去。某些时候，"万一"式的假设性思维可以起到一定作用，因为它可以帮助我们做出决策，有时我们需要意识到"万一"会发生的情况，并一一解决，这就是解决问题的过程。例如，你在出门旅行之前可能会想"如果手机没电了怎么办？我得带上充电器和充电宝"，或者会想"如果火车班次被取消该怎么办？我得规划另一条路线"。但如果"万一"式思维持续存在，它就会成为严重的问题。对许多患者而言，"万一"思维和以问题为基础的思维模式就是他们唯一的思考方式。

焦虑的大脑不仅会自动想到最坏的情况，还会无休止地提出问题，设想各种不利的情况，并高估这些情况发生的可能性。如果你和众多患者一样，是那种对不确定性"过敏"的人，那么你对外部环境的控制欲可能会很强，也希望所有事情都可以得到预判。这样的想法更容易让你产生"万一"思维，因为你想考虑到所有的可能性。但这种思维方式不会帮你缓解焦虑。如果你不相信，请回想一下这种思维模式的存在时间，并评估它产生的结果。你觉得焦虑情绪得到缓解了吗？如果没有，那就证明这种思维模式无法解决你的焦虑问题。实际上，这是一种错误的思维模式，而人们可能会在早期误将其视为缓解焦虑的办法。

好在你可以通过以下技巧处理这种以问题为基础的思维模式。这些技巧能帮你减轻"万一"思维的强度，并削弱它们对你的影响。重要的是，以问题为基础的思维模式不止一种。

现在，我将通过以下示例来向你展示如何应对这些思维。

任务17　如何应对"万一"思维和以问题为基础的思维模式

第一步，写下你的想法。请注意，该模式下的焦虑思维通常以问题形式出现。

- 万一这种头痛是癌症症状，怎么办？
- 万一他不喜欢我，怎么办？

- 万一大家都嘲笑我,怎么办?
- 万一我生病了,怎么办?
- 万一我晕倒,怎么办?
- 万一我失业了,怎么办?
- 万一我恐慌发作了,怎么办?
- 万一他们对我印象不好,怎么办?

我们无法处理这些"万一"式或以问题为基础的思维模式,因为它们并不真实。对于本身就不存在、不确定的事情,我们怎么才能确定它的真实性呢?这根本无法做到。不过,我们可以用其他方式来表述这些思维,然后进行测试。

第二步,转换表述方式。为了帮助理解,我们将对第一步中提到的问题进行重新表述。

- 我担心头痛是脑肿瘤的征兆。
- 我怕他不喜欢我。
- 我怕人们嘲笑我。
- 我怕我会生病。
- 我怕我会晕倒。
- 我怕我会失业。

- 我怕我会恐慌发作。
- 我怕他们对我印象不好。

第三步就是确定这些想法的真实性,看它们是否真实地发生过。

想法:我怕他不喜欢我。

是否真实发生?据我所知,没有。我没有找到他讨厌我的证据。

想法:我怕我会生病。

是否真实发生?没有,我没有生病。

想法:我怕我会晕倒。

是否真实发生?没有,我没有晕倒。

想法:我怕他们对我印象不好。

是否真实发生?我没有找到他们对我印象不好的证据,所以没有发生。

如果你总是针对所有可能发生的情况提出问题,却又因为无法预知未来而得不到答案,就会感到非常疲惫,并逐渐丧失信心。如果你想不出答案,焦虑的大脑就会虚构出可能的场景。毫无疑问,它会构想出最令人不安的情景。这些"万一"式问题由焦虑所引发，它想象出的场景也是由焦虑所塑造的。这会让焦虑感不断积累，让你的思维难以控制。此时，你的思维已经远离了客观现实，被焦虑所控制。

下面这项技巧也可以帮助你应对这类想法。

"即使如此""那又怎样"

处理"万一"式思维的另一种方法是假设这些猜想真的发生以后，你可以怎么做。这种技巧可以用于非悲剧性的"万一"式假设。首先，你要将"万一"或以问题为基础的思维模式记录下来。

万一我和他们交谈时说不出话来怎么办？

然后，从同情和理解的角度回答这个问题，用"即使如此""那又怎样"的句式来解释自己的想法。比如：

我可能觉得很焦虑，确实担心自己说不出话来。可即使这种情况真的发生了，我也只是会沉默一段时间，他们会等我开口。

我可能觉得很焦虑，确实担心自己说不出话来。可就算我不说话，那又怎样？没有人会做任何事，也不会发生什么灾难。我可能会觉得尴尬，但我从不会一直沉默下去。

下面几个例子可以帮助你进一步理解这项技巧。

万一我晕倒了怎么办？我经常担心自己晕倒，难怪我会再次感到焦虑。

即使我真的晕倒了，也有人会为我寻求帮助，不会有事的。

万一我恐慌症发作怎么办？

自从上次恐慌发作以后，我一直担心自己会再次犯病，但实际并没有。就算真的发作，我也能挺过去。我现在还好好的，这种感觉会慢慢消失，我可以做什么让自己平静下来，重拾安全感。

万一有人让我检查身体怎么办？

即使如此，也不一定会有坏消息。

检查身体是一件很平常的事，了解身体情况是件好事。我的医生和亲朋好友会在身边支持我。

要注意那些以问题形式出现的"万一"式焦虑思维。当你觉察到这些想法时，不妨问问自己："这是实际情况，还是焦虑情绪在向我传递信息？"学着解决这些问题，这样你才能活在当下，而不是沉浸在自己幻想的灾难之中。

技巧5：应对"招致厄运"式焦虑思维

你是否担心停止焦虑后坏事就会找上门来，或者以某种方式招惹晦气？我在临床实践中经常遇到这种问题，对疾病和健康问题感到焦虑的人最容易产生这种想法。对这类患者来说，他们的担心带有迷信色彩，而所谓的迷信是指那些不合理或错误的念头。他们不想停止焦虑，甚至不敢去想任何积极的事情，以免招致厄运。他们还觉得保持焦虑和担忧的状态能有效化解潜在的威胁。当然，这种想法让他们非常渴望保持焦虑状态。许多深受焦虑困扰的人都将迷信念头视为一种应对机制。这是他们面对不确定性时所采取的另一种控制方法，而这种方法让他们误以为自己对未来的不确定性具有某种影响力。当然，事实并非如此，但他们不敢接受自己无法完全控制外部环境的事实，所以保险起见，他们选择继续保持现状。

无论你采取哪种思维模式，都不会对实际结果产生影响，但这却是一种焦虑的表现，让你误认为自己的想法会影响实际结果。你可能觉得这种方法能帮你应对不可控的生活，但实际上，这种思维方式并不会提高你对未来事件的控制能力。你是否觉得"招致厄运"式的焦虑思维能帮你提高对生活的掌控感呢？实际上，你的思维方式并不会影响未来事件的走向。此外，你对未来灾难事件的恐惧也不会影响它发生的概率，你的思维与实际结果毫无关联。

患者案例：凯莉的"招致厄运"式焦虑思维

凯莉患有广泛焦虑症，同时也为健康问题感到焦虑，她非常害怕自己会招致厄运。以下是她的一些想法，你可以看看自己是否也有类似的担忧。

- 如果我不对健康状况感到焦虑恐惧，我就真的会生病。
- 如果我不专注于焦虑情绪，厄运就会找上门来。

● 如果我不再害怕，那就是在向命运发起挑战，而我会为自己的傲慢付出代价。

● 我必须打消所有与焦虑情绪相抗的积极念头，否则就会招来疾病。

我和凯莉试图扭转这种思维模式，帮助她从不同的角度来看待问题，于是我们提出了以下问题。

● 一直想着自己会中彩票，能提高中奖概率吗？

● 为亲人的成就感到骄傲会让他们走向失败吗？

● 我能用意念让天气变得晴朗美好吗？

凯莉对以上问题的回答都是否定的，我想你的答案应该也一样吧。

当你感到焦虑时，你的大脑更容易联想到消极的后果。之所以出现这种现象，是因为消极的念头与你的恐惧更加吻合。还记得第三章提到的皮质醇对恐惧体验的巩固作用吗？当你对未来产生消极设想时，这些设想可能真的会扎根于你的大脑之中。然后，当你回忆起这些想法时，就会提高你的皮质醇水平，从而对其存在和关联起到强化作用，如此循环往复。

这些迷信的想法很容易产生，你甚至还会将自己的迷信思维与偶然事件联系在一起。比如你认识的某个人在某一天被诊断出某种疾病，从此以后，你可能会对该日期相关的数字保持警惕。你会在其他场合注意到这些数字，这种行为反过来会强化数字招致厄运的想法，因为你会觉得这些偶然事件进一步印证了特殊数字预示厄运的模式。与此同时，你也可能会忽略那些与执念相悖的事实。

客观来讲，你其实也明白，无论心里是否感到担忧，自己得病的概率都不会改变。但你的大脑总在不停地提醒你，如果以这种方式挑战命运，就会招来厄运。这种思维模式会让你陷入另一种恐惧循环，示意图如下：

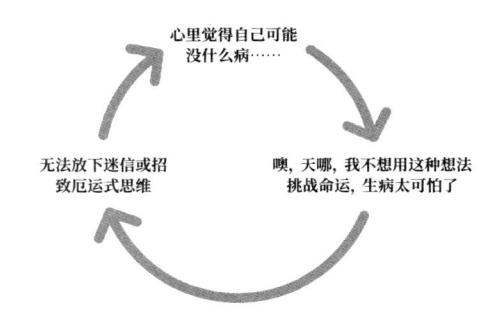

心里觉得自己可能没什么病……

噢，天哪，我不想用这种想法挑战命运，生病太可怕了

无法放下迷信或招致厄运式思维

焦虑会给患者施加极大的认知负担。研究表明，

焦虑会让人的行为更倾向于遵循"挑战命运会导致负面结果"的模式。焦虑状态会限制你理性思考的能力，让你更容易想起这些迷信或招致厄运的念头。同时，当你带着冲动进行思考并做出反应时，你也更容易得出停止焦虑会招致厄运这一结论。相比之下，大脑中负责逻辑思考的部分运转速度较慢：在进行理性思考时，需要你认真地展开分析并以更客观的方式理解自己的想法。而如果放弃思考，你就更有可能不断得出这种令人痛苦的结论。

在克服焦虑的过程中，我们要有意识地主动控制自己"招致厄运"式思维。这种方法有助于缓解焦虑，但坚持迷信思维则会让人更加焦虑。下面介绍的这项练习可以帮助你察觉到这种念头，并锻炼理性思维能力。如果你坚持练习，那么随着时间的推移，你会发现自己的大脑在逐渐适应新的反应方式。

任务18　应对"招致厄运"式思维

请记住，这些念头之所以存在，是因为它们让你觉得自己可以控制外部事件的结果。

● 你能从自己或他人的经历中找到支持这种想法的证据吗?

● 你能找到哪些证据来证明这种想法并不正确?

● 花两周时间记下那些经常出现的念头,将它们全部写下来,然后看看这些想法是否存在某种固定模式。这些想法主要包含哪些内容?

● 针对每种招致厄运的想法提出一个理性观点,即使你暂时不想相信,也要把它写下来。坚持下去,每天至少记录三个想法,在你容易产生迷信思维时,更要着重记录。随着这些想法的力量逐渐减弱,你可以慢慢减少记录频率。

● 你不能用意念或对想法的反应来控制未来事件的结果。请试着每周都花时间在脑海里设想一件积极的事情,比如中彩票。你在招致厄运式的焦虑思维上倾注了多少精力,就用同样的精力去想想这个积极事件。然后看看它能否成真。你能通过意念使你心中的所想成为现实吗?

在焦虑和高压状态下，你会更容易产生迷信和招致厄运的念头。这些想法来得很快，迅速而冲动的反应还会强化这种念头，有意识地主动控制这些想法可以缓解焦虑。

技巧6：解决思维中存在的问题

当你感到焦虑时，不妨转而去解决那些令你焦虑的问题，这种方法可以有效缓解焦虑，帮你摆脱无效的思维模式。当遭受焦虑困扰时，无论这种情绪是由具体的问题（健康问题、社交困扰等）引发，还是存在更为普遍的原因，人们解决问题的能力都会受到影响。焦虑患者面对问题（或问题思维）时会比常人更加焦虑，且更有可能带着恐惧或恐慌的情绪做出反应。这种做法会让人更加焦虑，但问题仍然存在，且会变得越来越难以面对、解决。有时你可能需要解决某些外部问题，有时你的思维可能会给你提出问题，无论如何，学会解决问题都能够帮你缓解焦虑，同时为你提供解决方案。在帮助患者锻炼问题解决能力时，我会采用以下六个步骤：

- 第一步：发现并确定自己的问题，把它写下来。
- 第二步：列出可能的解决方案，集思广益，以解决这个问题；至少想出3个方案。
- 第三步：权衡每种方案的利弊。
- 第四步：想想自己的优势和资源。
- 第五步：将最佳解决方案付诸实践。
- 第六步：评估结果，该方案效果如何？

患者案例：杰斯的抽血检查

杰斯一直在为自己的身体健康感到焦虑，她虽然没有任何疾病，但是经常担心自己被诊断出重病。在某次问诊过程中，杰斯告诉医生，自己出现了疲劳、抽搐等症状，于是医生建议她进行抽血检查。这让她不得不面对现实。在了解到更有效解决方案之前，杰斯选择这样处理问题：

1. 杰斯确定自己的问题是："天哪，简直不敢相信。这一刻还是来了，我要死了，我得了一种病，所以他才让我去抽血检查。"

2. 杰斯完全不知该如何解决这个问题。

3. 她没必要权衡每种方案的利弊，因为她根本想不出解决办法。

4. 杰斯觉得自己没有任何优势或资源来解决这个问题。

5. 杰斯无法将任何方案付诸实践。

6. 杰斯一直陷入焦虑之中，痛苦不堪。

杰斯面临着一个真实存在的问题，该问题让她没完没了地回想着那些消极的念头。她不断告诉自己，问题无法解决，一切都完了。面对问题，杰斯恐慌不已，这种恐慌不仅让她更加难受，还让她难以摆脱这种痛苦的思维模式。由此可见，努力解决当下面临的问题并控制焦虑思维对缓解焦虑至关重要。以下是杰斯采用有效方案解决问题的经过。

1. 确定问题：我必须做抽血检查，我不想做，因为我觉得医生会发现我患有某种疾病，但与此同时我又有点想做，因为这样能够以防万一。我需要让自己接受检查。发现了吗？问题有两个：其一，必须进行抽血检查；其二，要明确检查结果。这两个问题都有各自的解决方案。接下来,让我们从第一个问题出发,直面这场现实中的抽血检查。

2. 列举可能的解决方案,杰斯提出以下方案:

● 不去抽血,无视医生的建议。

● 永远不再看病。

● 做抽血检查之前多喝点酒。

● 让妈妈和老公陪我去。

● 在抽血检查前放松一下。

● 在检查之后安排一些有趣的活动,这样我就不会一直为此烦恼。

● 想想自己过去是怎么接受检查的。

● 接受检查,但如果查不下去,那就离开。

● 戴上耳机,分散注意力。

● 向家人与朋友倾诉内心的恐惧,问问他们遇到这种事该怎么办。

3. 权衡每种解决方案的利弊,杰斯排除了与克服焦虑这一总体目标相悖的解决方案。这些方案不仅没有帮助,还会让她的焦虑问题更严重,影响力更强,具体包括:

- 不去抽血，无视医生的建议。
- 永远不再看病。
- 做抽血检查之前多喝点酒。
- 接受检查，但如果查不下去，那就离开。

4. 想想自己的优势和资源。杰斯有丈夫、母亲和挚友的支持，她可以向他们倾诉，并在检查当天向他们寻求支持。杰斯也意识到自己有能力、有力量应对挑战，此前，她已经战胜过很多挑战了。这些正向经历让杰斯认识到，和想象中不同，她可以很好地应对这种焦虑思维。

5. 将最佳解决方案付诸实践。杰斯决定直面抽血检查，她认真制订了当天的计划，并在检查前后都抽出一段时间来缓解焦虑。其解决方案如下：

- 早餐吃自己最喜欢的食物，多喝水，尽量不摄入咖啡因。
- 在抽血检查前做一些放松的事情，也许可以和妈妈一起去户外散步。
- 我老公可以陪我去检查，但他只能在车里等我。
- 在排队等候时听最喜欢的歌，让自己兴奋起来，还可以听着歌做完检查。

● 检查结束后和朋友见面喝茶，问问朋友对此事的看法。

6. 评估事件结果和解决方案的实际效果。杰斯觉察到自己的焦虑，并接受了这一事实。她知道自己正在做让自己害怕的事情，也接受了这一事实，所以自然会感到焦虑。安排预约事宜帮助杰斯缓解了焦虑症状，她顺利完成了抽血检查。回想当初的恐惧和惊慌，杰斯认为自己取得了巨大的进步。

我希望你也可以和杰斯一样，通过以上六个步骤解决自己的问题。当问题出现时，你可以运用这个技巧来实时解决问题。当然，如果你现在就面临着一个令你焦虑的情况，那么你可以灵活运用以上步骤来解决这一问题。

请看右面这张图片。我猜，当遇到问题时，你大概会一直往下走，而不是往上爬，对吗？你有没有发现，如果向下走，我们还是会陷入自己正努力摆脱的思维和行为模式？一直以来，我们都想尽力往上爬，向前进，而不是走下坡路。就算一开始，我们可能会

克服焦虑

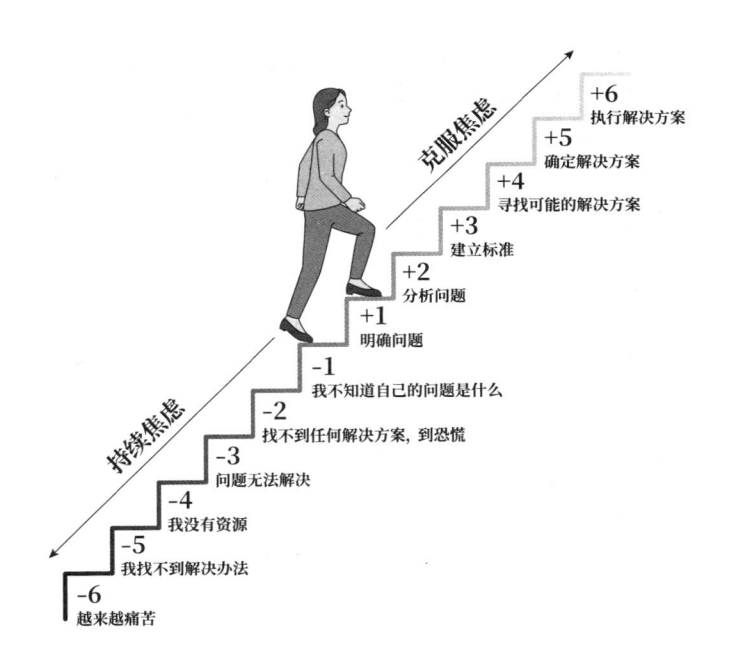

+6 执行解决方案
+5 确定解决方案
+4 寻找可能的解决方案
+3 建立标准
+2 分析问题
+1 明确问题

持续焦虑

-1 我不知道自己的问题是什么
-2 找不到任何解决方案，到恐慌
-3 问题无法解决
-4 我没有资源
-5 我找不到解决办法
-6 越来越痛苦

走得慢一些，或者只能走到一半，但我们仍然在前进。让我们学着拾级而上，积极解决问题，努力前进吧！

焦虑可能会削弱你的信心，降低你解决问题的能力。在克服焦虑的过程中，要有意识地努力解决实际存在的问题，改变与之相关的思维方式。这一点非常重要。这项技巧可以为你提供有效的解决方案，防止焦虑感进一步升级。

应对焦虑思维的 10 个要点

1. 正确处理焦虑思维可以帮助你缓解焦虑，但如果处理不当，焦虑也可能加重。要想克服焦虑，就要改变自己与焦虑思维互动的方式。

2. 可以利用本章提到的一整套策略来处理焦虑思维。首先，你要意识到自己的焦虑思维，然后进行评估，最后努力转变思维模式。

3. 记住，压抑或试图避开焦虑思维只会适得其反，你要试着接受，并对其进行管理。这一点对克服焦虑至关重要。

4. 焦虑思维往往包含不符合实际情况的内容，且更容易滋生恐惧。你可以在此基础上重新表述这些想法，从而更准确地反映真实情况。如此一来，你就可以看清自己的焦虑，同时削弱焦虑思维的影响。

5. 密切关注自己的焦虑思维，从而确定需要调整的地方。如此一来，你可以更好地了解焦虑思维的诱因和模式，从而做出更明智的决定。

6. 请记住，焦虑思维会反映出消极想法，而被焦虑充斥的大脑往往会让你忽视其他的观点。利用本章所描述的策略来拓宽视角，可以帮助你打开思路，看到其他的可能。

7. 焦虑往往会引导你考虑最坏的情况，让你花费大量精力去设想可能发生的灾难。这种思维模式可能成为焦虑患者的惯性思维模式。记住，最坏情况只是可能出现的结果之一，你可能高估了其发生的概率。

8. 记住，"万一"式思维和以问题为基础的思维模式是焦虑的常见症状。这种思维模式会将你置于未来的情况当中，使你无法理性地看待尚未发生的事件。

9. 焦虑会让人的思维变得混乱，无法理性思考，从而更容易产生迷信和"招致厄运"等错误的念头。记住，这些念头对实际结果如何没有实质性的影响。你需要有意识地消除这些念头，从而选择更符合现实的思维角度。

10. 采用积极的问题解决策略来应对焦虑思维。这种做法可以让你从一定程度上摆脱无益的思维模式，并引导你找到更有效的解决方案。

听听舒缓的音乐吧

听音乐可以刺激多巴胺等神经递质的释放，从而缓解焦虑，改善心情。音乐可以激活与情绪调节、记忆和情感加工相关的神经通路，从而降低焦虑水平。与此同时，音乐还能帮你转移注意力，使你不再过度关注自己的思维和身体状况，从而降低对焦虑思维的关注水平。如果你的焦虑很强烈，对自己的状态过于关注，那么音乐的作用就会格外显著。某些类型的音乐，如宁静的音乐或自然的声音，也能促进身心放松。所以，如果你还没有最喜爱的播放列表，就赶紧创建一个吧！

第五章

如何停止对焦虑的过度关注

如果你总是关注自己的焦虑情绪及其引发的症状，那么焦虑问题可能会不断恶化。在此情况下，你就像戴着一副特殊的眼镜，它只会让你看到你所害怕的事物。在这副"眼镜"的作用下，你的焦虑思维逐渐根深蒂固，你所害怕的一切也会被放大，然后你会觉得自我意识过剩。如果某些因素（如某些生理感受）恰好为你的恐惧念头提供了支持，那你也会对这些因素过分敏感。本节所介绍的技巧将帮助你摘掉这副"眼镜"。当你打开自己的视野后，就能通过不同的视角来看待世界，甚至发现多种不同的色彩，视野也将变得更加开阔。经过适当的练习，你的大脑将会把注意力分散到不同的视角之中，从而放下焦虑。

患者案例：玛迪的呼吸问题

两年前，玛迪有过一次恐慌发作的经历。在向我寻求帮助之前，她对自己的呼吸问题越来越焦虑。那天，她在下班后跑着赶公交，并开始觉察到自己的呼吸问题：她一坐上公交，就觉得呼吸节奏发生了变化。

这很正常，因为她刚刚跑步了。

自此，玛迪越来越关注自己的呼吸。事后她便觉得这种感觉与她恐慌发作时的感觉相似，这一发现让她更加焦虑，而越焦虑，她就越关注自己的呼吸状况，接着自然而然地陷入焦虑思维："如果我在这辆车上又发作了怎么办？"此后，玛迪开始长时间地关注自己的呼吸。她说有几天这种情况"没完没了"地出现，于是她不得不请假回家。

玛迪担心自己缺氧。为了吸入更多氧气，她会张开嘴，使劲深呼吸。她对自己的每一次呼吸都异常敏感，并对此感到厌倦，但就是无法转移注意力。她对呼吸问题的焦虑使她在该问题上倾注了过多精力，而这种过度关注还会不断加强。不久后，她的注意力完全集中在了呼吸问题上。这种行为给她的大脑传递了一个信息："玛迪对呼吸问题感到焦虑，她在努力关注自己的每一次呼吸。这件事一定很重要，我需要给它画上重点，提高其优先级。"因为这件事在她脑海中存在感更强，所以她会对此给予更多关注，从而进一步加强了呼吸焦虑在大脑中的存在感。

在共同解决问题的过程中，我和玛迪慢慢实现了一个小目标——她能拓宽自己的视野了。如此一来，她的大脑就接收到了新信息："玛迪不那么关注自己的呼吸了，她似乎不再像以前那样采取密切的监控措施，所以呼吸不再是重点问题，可以对此放松警惕。"

玛迪的案例体现了本章的重点：学会降低自己对焦虑的关注度。在本章中，你将学会拓宽自己的关注范围，使自己不再过度关注那些令人恐惧的事物。焦虑会让人自我意识过剩、过度警觉，更偏向于某种特定思维，并对那些助长焦虑的事物（如生理反应）过分敏感。这种症状在社交焦虑、健康焦虑，以及恐慌症患者中尤为常见。

你有没有发现自己存在上述状况？你可能会专注于自己的呼吸，感觉浑身发热、脸颊通红、身体酸痛，甚至出现抽搐或颤抖等症状——你可能会出现各种各样的症状。过度警觉的状态可能会让你时刻警惕那些令你恐惧的事物：狭小的空间、拥挤的环境，或者疾病相关的消息。然后，焦虑会让你的关注点集中于这些威胁信息。当你感觉到危险时，大脑就会自然而然地缩小关注范围。这是一种对人类生存有益的反应，可以帮助人们适应环境。假设你正身处丛林之中，可能会受到野生动物的攻击，你的大脑就会紧密关注野生动物的动静。当然，在此情况下，这种内在机制对我们很有帮助；但如果它没有按照合理方式运作，就可能使你无法摆脱焦虑，成为一个重大的问题。持续关注那些无用的事物本身就是一种焦虑症状。我们必须学会降低关注度，慢慢改变，摆脱这种困境，追求更自由的生活状态。学会引导自己的注意力，改变关注方式，可以让你摆脱这种状态。

注意力和焦虑会以多种方式相互作用，使人自我关注、过度警觉，同时让人的大脑以非客观方式与威胁建立联系，并加重焦虑。而关键问题在于，我们要如何解决这些问题，调整自己的注意力，从而不再过度关注焦虑及其带来的偏见。

焦虑如何影响注意力

人类的注意力很脆弱，当焦虑占据思维时，这一点尤为明显。大量研究表明，焦虑会影响人们的表现，因为它会使人难以扩大自己的关注范围。焦虑会以多种方式削弱你的注意控制能力。其中，第一种能力是抑制性控制。抑制性控制是大脑的执行功能之一，它能帮助你控制注意力，以克服强烈的内心冲动或外部吸引力。第二种能力是定式转移，即人在不同事件之间切换注意力的能力，也是大脑的执行功能之一。这两种能力如果受到抑制，就会给焦虑症患者带来一系列问题。根据临床经验，患者的注意控制能力往往较差，这使他们更难克服焦虑带来的强烈冲动。他们很难转移注意力，因此持续关注自身的焦虑，导致问题不断加重。这种专注可能会以各种形式出现，比如过分关注自己、关注某种感觉或某种特定想法，以及过度警觉等。注意控制能力差的人往往倾向于关注负面信息，而这些信息则会强化焦虑思维。

他们更可能迅速关注与其恐惧和焦虑思维相符的事物，而忽视那些与之相悖的潜在反证。接下来，我们将研究焦虑患者所表现出的四种具体注意偏向：偏向性注意力、自我关注、范围较小的选择性关注，以及过度警觉。

偏向性注意力

偏向性注意力是指你在关注某些因素的同时忽视其他因素。你是否发现自己一旦开始关注某件事，就会比以往更频繁地注意到其存在呢？这种关注会让你觉得这个事物的出现概率比实际概率要高。如果你发现某个认识的人养了某一品种的狗，突然间你就会觉得这种狗好像随处可见。对焦虑的触发因素而言，患者可能会倾向于关注与威胁相关的刺激因素。如果你听说某个人患上了某种病，比如在新闻中看到某个名人病例，你就会更频繁地注意到这种病及其相关事物。然后，你可能就会格外警惕任何可能与之有关的感觉，同时还会对符合你恐惧的外部因素过分警惕。你有过类似经历吗？

自我关注

自我关注就是倾向于过度关注自己，过度关注自身内在体验和焦虑情绪。这种自我关注会使你过度关注自己的身体感受、思维和行为。因此，你可能很难将注意力从这些事物上移开，并转移到外部环境当中。这种自我关注会增加自我意识和自身感受到的痛苦，从而加重焦虑。自我关注会使你无法注意到那些帮你摆脱焦虑的重要因素。对社交焦虑症患者而言，过度关注自己的言行和别人的目光会使你难以准确解读社交情境。这可能会使你误解他人的本意，错过与他人真正互动的机会。在专注自己的想法时，你会忽略重要的信息，于是很难完全理解周围真正发生的事情。这与你面临的焦虑类型无关。如果你担心自己患有某种疾病，如心脏病，那么自我关注就意味着你会更关注身体感受，并注意任何可能与之有关的感觉或诱因。这种关注反过来会让你更加焦虑，导致心率上升，放大你体会到的感觉。随着焦虑不断加重，你的思维会变得越来越可怕。所以，一旦走上这条道路，你必然会陷入另一个不断自我放大焦虑的恶性循环之中。

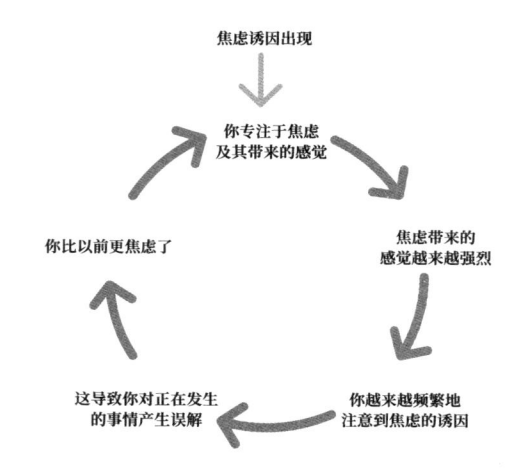

焦虑诱因出现 → 你专注于焦虑及其带来的感觉 → 焦虑带来的感觉越来越强烈 → 你越来越频繁地注意到焦虑的诱因 → 这导致你对正在发生的事情产生误解 → 你比以前更焦虑了 → （循环回到"你专注于焦虑及其带来的感觉"）

接下来，让我们进入本章的第一个重要任务。这个任务旨在帮助你掌握集中注意力的方法。

任务19　理解自我关注

请试着通过以下问题和提示回顾你在焦虑时的注意力模式和自我关注情况。如此一来，你可以发现自己的注意力偏向中存在的重复模式。将你的答案记在笔记本或电子设备中。

● 当自我关注时，我会关注或陷入哪些生理反应？

- 我是如何自我关注的？我是只在心里思考和分析，还是使用外部设备（如智能手表）进行监测？
- 当自我关注时，我会格外留意哪种思维？
- 当自我关注时，我脑海中会浮现什么样的画面？
- 这些生理反应、想法和画面会让我产生什么感觉？
- 自我关注使我分心，让我忽略了哪些有意义的事物？
- 自我关注是否让我更加焦虑或害怕？
- 由于自我关注，我产生过哪些误解？
- 回顾过去，自我关注如何阻断了那些可能帮我减轻焦虑的信息？
- 我曾有过自我关注的经历，后来发现其实并没有必要。我当时忽略了哪些信息？
- 自我关注为我带来了哪些好处？为我提供了怎样的帮助？如果没有帮助，那这样做的理由是什么？这个理由是否成立？

范围较小的选择性关注

有时,人们会选择性地将注意力集中在令人恐惧的焦虑诱因上,这通常是为了确保自己能优先考虑这些因素。关注范围缩小后,人们会更频繁地注意到这些威胁性信息,同时难以关注那些非威胁性的刺激。例如,受社交焦虑困扰的人可能会选择性地关注自己眼中那些传达负面情绪的面部表情。患者艾丽斯曾就社交焦虑问题向我求助,她面对的就是这种情况。艾丽斯说:"我一门心思关注着这些事情,我需要知道发生了什么,这就是我的行为动机。"对于艾丽斯而言,此举并没有为她提供任何有用的信息;相反,狭隘的关注范围使问题看起来比实际情况更加棘手,与此同时,她也对外界产生了很多误解。这种状态让她越发焦虑,也让她越来越警觉(见下文),并开始更加密切地关注与其焦虑思维相符的事物。

你是否也和艾丽斯一样专注于某些特定事物,并为此感到更加焦虑?

过度警觉

过度警觉是指人们不断监视自身状态和周围环境，以寻找潜在威胁的行为。在该过程中，人们会扩大自己的关注范围，以提高对潜在威胁的探测能力。然而，对潜在危险的高度关注也会让人难以注意那些非威胁性的刺激，从而陷入困境，只关注自身感知到的危险。过度警觉通常会扩大你对环境的侦查范围；而一旦你发现了一处危险，无论它是否真实存在，你都会把注意力集中于此。过度警觉的状态也会让你对他人的言论、面部表情和可视对象等事物产生误解。

焦虑如何影响你的注意力

你是否遇到过上文提到的种种困难？如果焦虑影响了你对注意力的控制能力，那么它也会损害你的心理功能，使你更加难以应对，更容易陷入焦虑循环当中。学会扩大关注范围可以让你不再关注那些不相干的事物。过度关注那些问题式的感受可能会助长焦虑思维，阻碍心理康复进程。这就像是为它们提供了一顿丰盛的大餐，会让它们变得更加强大！

在深入探讨如何减轻对焦虑的关注之前，我们需要先了解自己当前所处的状况，这一点至关重要。你可以跟踪记录自己过去几周的注意力模式，确定其突出特征，从而了解自己当前的状况。日记或博客都可以为你提供丰富的数据，当然，如果你更喜欢记笔记，那么简单的笔记也可以起到参考作用。

任务20　了解自己对焦虑情绪的关注过程

你可以仿照下方示例制作一个类似的表格，记录填表日期和你当时做的事情，然后记录你当时的自我关注程度，以及你所感受到的痛苦和焦虑程度。

在接下来的几周，用这个表格记录你所关注且令你感到焦虑的事物。

除了示例表格，你还可以根据以下提示进行记录。

- 记下你格外关注的事物。这些事物通常会引起焦虑情绪。

● 记下更容易吸引你注意力的事物,以及较少关注或忽视的事物。

● 在你记录的每个事件旁边记下你所关注的时长。无论你是在监测某种生理感受,还是在关注周围的人,抑或在追踪新闻报道,都可以对时长进行记录。

此外,你的表格一定要包含以下内容:

● 你过分关注的焦虑思维
● 你过分关注的焦虑信息
● 你过分关注的焦虑画面
● 你过分关注与他人有关的焦虑事物

关注而感到焦虑的情况记录

日期和主要活动	消极关注的事物	消极关注的强度:低、中、高	焦虑和痛苦程度:低、中、高
5月14日 我待在家里,什么也没做,想看电影。	我一直在回忆自己在工作会议上说的话,觉得自己一定表现得很差,然后便感到头晕。	高	高

续 表

日期和主要活动	消极关注的事物	消极关注的强度：低、中、高	焦虑和痛苦程度：低、中、高
5月16日 和妈妈出去逛了一天的商场，然后吃了顿饭。	今天什么感觉都没有。	低	低
5月18日 我看到一则关于足球运动员身体不适的新闻。在休息时间，我研究了新闻中提到的疾病，以判断自己是否患有同样的病。	我开始过于关注自己的状态，总是想看看自己是否头晕，然后真的会感到眩晕。	高	高
5月22日	我起床时感觉有点不对劲，觉得今天会是头晕难受的一天，然后就一直在关注自己的身体感受。	高	高

从上述案例可以看出，患者将注意力集中在头晕症状上，这种关注加重了焦虑情绪。

在练习过程中，将过分关注的事物（无论是一个还是多个）都记录下来，这一点非常重要。这些信息可以帮你确定关注重点，从而在实际的注意力训练过程中有的放矢。

如何拓宽关注范围

上文介绍的技巧可以帮助你理解注意力在加剧焦虑方面的重要作用。根据我多年的临床经验，有效控制自己的注意力可以减轻焦虑症状，并对日常生活产生积极影响。它可以提高思维灵活度，提高注意力，使你更加专注，不再长期沉浸于焦虑思维之中。

你可以通过思维训练来提高对注意力的控制能力，从而减轻焦虑。下面我将介绍八种拓宽和改善关注范围的方法，其旨在：

- 减轻过度警觉症状
- 降低自我关注度
- 提高注意力灵活度，帮助你更轻松地转移注意

力，不再过度关注那些令人焦虑的事物

● 提高专注力，让你专心完成当下的任务

建议用两种方式使用这些技巧。第一种方法是将其视为日常训练，通过日常练习来提升整体注意力水平。举例来说，如果你想学劈叉，就需要每天进行拉伸练习，从而提高身体的柔韧性。经过长期练习，你的肌肉柔韧度会逐渐提高。同样，你也可以用类似的方式来训练注意力，从而让自己更加专注，让注意力在不同事物之间轻松切换，使其更多样、更灵活。你练习的次数越多，就会越擅长转移注意力，如此一来，当你受焦虑折磨，需要应用这些技巧时，就能更轻松地加以应用。

第二种方法就是在发现自己陷入焦虑，开始自我关注时，反复不断地将注意力转移到其他事物上。这种方法特别适合处理那些突如其来的焦虑问题。

扩大关注范围的8个技巧

起初，你可能会觉得技巧太多，不知所措，但别担心，你不必全部照做。你可以先将各项技巧都练习一遍，然后找到最适合你的技巧。无论你选择的是哪些，重点在于定期练习。如果你的问题在于无法集中注意力，那么就需要在这方面着重练习，刚开始可以每天练习几次。如果你的注意力只受到中等程度的影响，那么每天的练习频率可以稍微降低。如果你的注意力总是偏向某个方面，难以矫正，那么你可以在练习几周后逐渐增加练习频率。我发现这样做效果最好。即使在取得进步后，你也要继续练习最适合的技巧，这一点很重要。每天只需花几分钟进行练习，将有助于你保持注意力，防止你回到原来的状态，同时提高你对焦虑的"免疫力"。

我们不可能100%地专注于任何一件事情，所以不要建立这种不现实的目标——这对任何人来说都不可能做到。人都会自然地转移注意力，我们要接受这一现实，但当这种情况发生时，我们要及时察觉，并将注意力拉回来。我希望你能尽量觉察到自己不专心的状态，并及时将注意力集中到手头的任务上。你的任务就是发现这种情况，并重新集中精力。这个过程出现多少次都没关系。在提升注意力的起始阶段，你可能需要多次练习，但如果能坚持下来，那么走神的次数就会越来越少。如果一开始觉得很难，也不要对自己太苛刻——这是正常的，因为你的大脑想要回到焦虑状态，毕竟它已经习惯了焦虑。如果你又开始关注那些令人焦虑的事情，不妨将其视为一个训练注意力的机会。

前两个技巧旨在让你学着发现自己正在关注那些令人焦虑的事件。如此一来，你就可以将注意力转移到当下。

▶技巧1：将注意力从最糟的事物转移到最好的事物

这个技巧旨在帮助你将注意力从目前最糟的事物转移到最好的事物上，也就是关注当下。

当前，你的大脑正在关注的最糟的事是什么？举例来说，你在关注自己强烈的心跳。

当下，无论在做什么，你经历的最好的事情是什么？举例来说，你正坐在温暖舒适的家中，喝着美味的热饮。

此时，你正在将注意力从焦虑的激动状态转移到更冷静、更放松的状态，你已经从消极思维转向了积极思维。

随着时间的推移,如果你配合其他技巧坚持练习,努力将注意力从负面转向正面,那么你的焦虑就能得到缓解。

▶技巧2:重新定向注意力

情境调焦是一种认知行为技巧,旨在将注意力从焦虑情绪中转移出来。情境调焦的目标是有意地将注意力转移到当下。新的关注点可以是一项任务、一件事物、周围环境、环境中可用的事物或者一项活动。这种方法可以将你的注意力从焦虑及其症状中转移出来。如此一来,你就可以有意识地打破过度关注的恶性循环。

每当你意识到自己正在过度关注焦虑情绪时,就可以有意识地告诉自己:

"我正在过度关注……"

然后大声地说:"我要将注意力重新聚焦于……"

接着将注意力转移到其他任务或活动上。

每当你发现自己陷入焦虑,都可以进行这项练习。起初,你可能需要频繁重复这个过程,但如果坚持下去，重复的频率就会降低。如果刚开始觉得很难，也不要灰心，随着时间的推移，你会觉得越来越轻松，所以坚持才是关键。

以下练习需要你尽量深入体会自己的身体感受，从而训练注意力。你的感官系统让你感受到丰富多彩的世界，你可以看到各种事物，听到各种声音，闻到各种味道，体会到各种触感，尝到各种滋味。你可以充分利用所有的感官，帮助自己转移注意力，不再关注那些让你深感焦虑的反应。如果条件允许，你可以睁着眼睛练习；当然，如果不需要的话，也可以闭上眼睛，寻找自己最舒服的状态。

▶技巧3：用听觉来扩展关注范围

在练习这项技巧的过程中，你需要计时，然后专注地聆听周围的声音。刚开始可以只听一两分钟，然后慢慢延长到5分钟，一天重复多次。

闭上眼睛，关注你所处环境中的声音。在脑海中列出不同的声音，数一数共有多少种。你也许会听到人们的交谈声、机器的嗡嗡声、风雨声，也许还有时钟的嘀嗒声或水龙头的滴答声。现在，你已经掌握了这项技巧。

▶技巧4：用触觉来扩展关注范围

练习1

在你所处的空间四处走动，尽量多去触摸不同材质的东西，将每种事物带给你的感觉大声描述出来。例如：

- "这是木材，它光滑、坚硬而冰冷。"
- "这是毯子，很柔软，但稍微有点粗糙。"
- "这是指甲锉，它很有颗粒感，但有的地方也很光滑。"

练习2

准备两个大碗，在里面盛满水，一个装热水，一个装冷水。将双手放入装有冷水的碗中，闭上眼睛，专心感受水的温度，轻轻拨动手指，体会冷水带给你的触感。用计时器设定时间，一分钟后，将手放到装有温水的碗中，体会两种感觉之间的差异。同样，一分钟后，再将手放到装有冷水的碗中，体会手指在两个碗之间切换的感觉。你可以根据需要设置练习时长，尽量设定在5分钟以内，这样你才能真正进入状态。

▶技巧5：用身体来扩展关注范围

在这项练习中，你需要关注裸露的皮肤体会到的感觉。同样，用计时器计3到5分钟。首先，脱掉一部分衣物，比如袜子，或者穿短袖T恤衫、背心或短裤，露出一部分皮肤。然后，躺在冷一点的地方，比如厨房或浴室的地板上。如果条件允许，甚至可以躺在外面；如果想提高舒适度，可以在头颈下方放一个小枕头或小垫子。接下来，将注意力集中在皮肤接触冰凉的表面所产生的感觉上。如果你选择了户外环境，也可以在不同的天气进行练习。在关注触觉感受的同时，你还可以细听周围的声音，感受阳光、微风、寒冷的空气，甚至雨水的拍打声。另外，你也可以找个干净的地方赤脚站一会儿。

无论你采用怎样的方式，请记住，这项练习的目的是深入体会自己皮肤和身体上的感觉。

▶技巧6：用视觉来扩展关注范围

你可以选择以下任何方式来用视觉引导注意力。

颜色

选择一种颜色，比如蓝色。然后在你的周围寻找不同的蓝色物体。你能找到多少？你可以在整个环境中四处走动，并大声说出自己找到的蓝色物品。同样，应尽量专注于这项练习，至少保持几分钟。如果需要的话，也可以用不同的颜色进行练习。

物体

在这项练习中，你需要根据特定的类别来对物体进行识别和命名。首先可以四处走走，探索你所处的环境。例如，你可以专心地给所有木制物品命名，并大声说出它们的名字。当然，你也可以采用其他分类标准，如电子设备、玻璃制品、塑料制品和织物等。

人物

如果你和其他人同处一室，也可以将注意力放到他人身上。根据某种具体特征或分类模式对周围的人进行观察。例如，你可以数数长发的人、短发的人、黑发的人、金发的人，或者仔细观察他们的穿着，比如毛衣、T恤衫、裤子、裙子，或者特定的衣服颜色。这项练习的关键在于观察外部事物的出现频率或模式，从而将注意力从自身转移到外部。你不需要盯着别人看，只要将注意力从自己身上移开即可。

车辆

如果你身处户外，或者能够从所处的环境看到附近的车辆，就可以将注意力放在它们身上。用计时器定时两到三分钟，在此期间，数一数自己能看到多少辆红色的车。当然，你也可以用其他颜色来练习，或者数一数车牌以特定字母开头的车有多少，也可以数数货车、公共汽车和卡车等数量。

街道

当你身处户外时，可以通过阅读和识别路过的道路名称来重新集中注意力。如此一来，你就可以将注意力引向与焦虑无关的外部刺激因素。

树木或花朵

在户外散步时，你可以通过识别各种树木或花朵来拓展自己的知识面。与其花时间在网上浏览灾难新闻，不如挑战自己，尽可能多认出几种树木或花卉。你还可以观察并了解植物的季节性变化。这种做法不仅有助于提升注意力，还能让你获得疗愈体验，因为大自然可以起到疗愈作用。研究表明，多接触大自然，接触绿意盎然的环境，能够让人产生积极情绪，增强幸福感，同时缓解消极的焦虑情绪。

▶技巧7：专注于呼吸

你可以沉浸在舒缓的呼吸感之中，从而扩展自己的关注范围。找一个舒适的地方坐下或躺下，专注于自己的呼吸，感受清爽的空气轻轻流入鼻腔，轻轻扰动着鼻腔里的细毛。认真感受空气流动的路径，感受它沿着喉咙进入身体，体会它在你身体中激发的细微感觉。当肺部吸满空气时，观察胸腔的轻微隆起，体会衣物与皮肤接触时的感受。然后，缓缓地用嘴巴呼气，感受温暖的气流离开你的身体。体会空气流经嘴唇时产生的感觉，感受自己的身体和思绪逐渐趋于平静和专注。

▶技巧8：用气味来扩展关注范围

主动留意一天中你闻到的所有气味，尽量深入体会。如果你闻到了难闻的气味，可以赶紧离开。你也可以在心中回忆以前闻过的味道，或者将它们写下来。这项练习可以让你通过嗅觉的感知来扩展关注范围。

除了上述技巧外，你可能还有自己的训练方法。还有很多日常练习也可以帮你扩展关注范围。如果你发现了其他有效方法，也请将其添加到"工具包"中。无论采用什么方法，其目标都是尽可能帮助你全面而广泛地专注于观察目标。

最后，你还可以通过以下日常活动来重新引导注意力。

- 使用大脑训练游戏或应用程序。
- 回忆你可能忘记了的乘法口诀。

● 有意识地深入体会食物和饮料的口感、味道、温度和香气。

● 在游泳、淋雨、洗碗或清洁身体时,感受水带给身体的感觉。

● 在洗澡、洗手、刷牙、做饭或洗衣服时,体会触感和质感。

● 在旅行过程中,充分调动感官,用眼睛去欣赏周围的景色,用耳朵聆听周围的声音。

请记住,如果你发现自己时不时冒出其他想法、无法专心练习,那也没关系。这是正常现象。如果走神了,只需慢慢拉回自己的注意力即可。经过持之以恒的灵活性练习,分心的情况会逐渐减少,其他事物的影响力也会慢慢减弱。应当让注意力练习成为你日常生活的一部分,从而让自己更加专注。这种力量可以提高你对焦虑的"免疫力",也有利于心理健康。因此,如果你想让自己的注意力保持"强壮健康"的状态,请坚持思维练习。

应对过度关注焦虑的10个要点

1. 了解焦虑对注意力的负面影响。焦虑会让你自我意识过剩、过度警觉,并且倾向于关注令你恐惧的事物。

2. 在焦虑使你过度关注某些症状和身体感觉时,尽量及时察觉。

3. 时刻警惕焦虑引起的注意力问题,并意识到这些问题会使你更倾向于接受消极信息,让你变得冲动。

4. 焦虑会以某种方式分散你的注意力,让你忽视一切与恐惧无关的事物。当出现这种情况时,要有所察觉;通常在焦虑值达到高峰时,你对恐惧事物的关注度也最高。

5. 了解自己在焦虑时集中注意力的方式。这将帮助你改善焦虑。

6. 通过简单的练习来提高自己的注意力,从而将注意力从焦虑思维转移出来。你练习得越多，专注力就越强，关注范围也会更广。

7. 让注意力提升技巧成为你日常活动的一部分，从而提高自己的注意力扩展能力。坚持下去，你的注意力和思维灵活度就能够得到显著提升。

8. 利用本章介绍的多种策略，充分体会自己的感受，练习情境调焦，并运用认知技巧来改善和拓宽注意力。

9. 将注意力训练视为建立和维持内心力量的一种方式。练习得越多，你就越专注，如此一来，你就可以在最需要的时候有效地控制自己的注意力。

10. 在克服焦虑问题的过程中，特别是在注意力偏向程度提高的时候，注意力技能训练至关重要。经过长期练习，你不仅可以缓解当前的焦虑症状，还可以提高对焦虑的"免疫力"。

释放自己的声音吧!

声音的疗愈能力可以帮你平复焦虑。你可以通过歌唱或哼唱来迅速控制焦虑。在歌唱或哼唱时,你会有节奏地调整呼吸,将呼吸频率降到正常范围。唱歌还可以刺激内啡肽等快感神经递质的释放,从而缓解焦虑,让你放松下来。当聚精会神地唱歌或哼唱时,你会密切关注声音的状态和自身感受,从而专注于当下,不再受困于焦虑思维。除了有效分散焦虑思维或情绪外,唱歌或哼唱也是一种绝佳的自我表达方式,可以帮助你处理和释放情绪。

第六章

如何管理强烈的情绪

你的情绪管理方式会影响焦虑问题的持续时间。焦虑会导致许多情绪困扰，这可能会让你难以忍受。你可能会错误地将这种情绪困扰理解为某一特定问题的迹象，而不是将其认定为与焦虑想法或感觉相关联的强烈情绪。这种误解往往会让我们做出助长焦虑的反应，陷入焦虑思想和感受的恶性循环。应建立和培养有效的策略来调节焦虑引发的痛苦情绪，你可以克服这种反应模式。

强烈的情绪就像海洋中的巨浪，起初它似乎要吞噬你。它高高耸立在你面前，仿佛要将你拖入水中，但就像海浪一样，情绪困扰也有起有落。与之对抗只会让你筋疲力尽，徒增溺水的恐慌，让情况变得更糟。这时，不妨将自己想象成一位冲浪者，迎着浪潮，乘风而行，任凭它们带着你前行。最终，浪潮会因能量耗散而归于平静，你也将再次稳稳地站立于陆地之上。

本章将重点探讨情绪在焦虑应对中的作用。我们将探讨一种常见的误解：人们往往将伴随焦虑的情绪困扰视为一种真正的问题，而不是将其认定为与焦虑相关联的高度情绪反应。我们的目的是深入探讨这一过程，以及它们如何维持你的焦虑状态。最重要的是，你将学到一系列改变这些反应模式的策略，获得更多克服焦虑的工具，从而取得更大的进步。

情绪调节

情绪调节是我们每个人每天都在进行的活动，我们都拥有自己独特的情绪管理方式。它涵盖我们如何向自己和他人表达和沟通情绪，如何解释自己的情绪状态，如何对情绪做出反应，以及如何从中学习，而这种学习反过来又塑造了我们未来对情绪管理的态度。对于焦虑人群而言，有效调节自身痛苦的情绪往往是一项巨大的挑战，尤其是在面对可怕的事情时。

患者案例：哈蒂贾的强烈情绪

在我治疗哈蒂贾的过程中，我非常重视情绪调节问题，因为她患有广泛性焦虑、健康焦虑和死亡焦虑。哈蒂贾难以应对焦虑想法和画面带来的情绪，这些情绪往往会在她听到关于死亡的消息或遇到不幸事件时被触发。这会让她相信同样的事情可能会发生在自己身上，她会在脑海中幻想自己经历同样可怕的情况。这些幻想的情景给她带来了情绪困扰，让她产生失控感，她不知道如何处理这些强烈的感受。她将这些强烈的情绪视为不祥之兆，因而更加深了她对未来的担忧。她会说："我不应该有这种感觉，这一定意味着糟糕的事情即将发生。"这种反应模式让她的大脑将强烈的情绪视为一种威胁，进一步加剧了她的焦虑。除了焦虑问题之外，这些难以忍受的强烈情绪伴随而来的问题也困扰着哈蒂贾。痛苦越深，她逃避的欲望就越强烈。这是一种很正常的反应，但也意味着她会采取不健康的应对策略。虽然这些策略能带来短暂的缓解，但从长远来看，哈蒂贾感受、体验和管理自身情绪的能力并没有得到改善。作为康复计划的一部分，哈蒂贾必须学会如何管理这些强烈的情绪，并以一种安全可行的方式去承受不断加剧的痛苦。

你是否能从哈蒂贾在处理困扰情绪方面的经历中找到共鸣？无效的情绪调节会带来更大的痛苦，迫使你采取不健康的应对机制，以迅速摆脱那些令你难以承受的情绪。虽然你可能会获得暂时的缓解，但这种应对方式无法提升你管理不安情绪的能力，也不能长期增强你对痛苦的耐受力。情绪调节不当和痛苦耐受力下降二者相互影响，形成恶性循环，加剧了焦虑问题。我的临床经验告诉我，心理健康与个体管理情绪和提升痛苦耐受力的适应性和灵活性密切相关。临床研究也支持这一点，这不仅适用于焦虑问题，而且适用于所有的心理健康问题。

没有人喜欢深受焦虑或痛苦的煎熬。就像其他情绪一样，焦虑带来的痛苦情绪是人类体验中不可避免的一部分。你无法逃避痛苦，但可以学会如何更好地管理它，减少它对自己的影响。尝试逃避痛苦往往会适得其反，会让它变得更加难以忍受。当你把感受视为无法承受的负担时，你会努力摆脱它们，而这种对抗会在无意中加剧你的问题。无论何时何地，你的感受都是真实的，无须压抑，顺其自然便好。

焦虑如何阻碍情绪调节

情绪调节问题与焦虑症状的严重程度，以及其他许多心理健康问题有关。高度焦虑会阻碍情绪调节，导致个体对自身感受产生功能失调、僵化和无益的反应。这一部分将探讨焦虑如何以四种关键的方式阻碍情绪调节：情绪困扰强化焦虑想法、压抑情绪、回避情绪，以及对情绪困扰做出冲动反应。

情绪困扰强化焦虑想法

强烈的情绪往往会伴随焦虑的想法和感受，让你深信焦虑所传递的信息是真实的。然而，这些强烈的情绪并不能证明焦虑的想法是真实的。但因为焦虑扭曲了你对现实的感知，使你难以区分实际的威胁和感知到的危险，尤其是在你经历强烈情绪的时候。在混乱的情绪过程中，你可能会不经意地强化和证实自己焦虑的想法，使它们看起来更加合理。你是否曾因某些想法而引发强烈的情绪，就认定它们是事实？这样的想法可能会触发难以控制的强烈恐惧。为了应对这种恐惧，你可能会采取一些低效的应对机制，从而进一步延续焦虑的循环，让你深陷其中。

压抑情绪

压抑情绪是焦虑患者常见的应对策略之一。你是否经常试图压抑内心的不安？你是否强烈地排斥感受、体验和表达这些情绪，无论是通过言语还是身体感官？尝试压抑情绪并不会减轻它们的负面影响；长期来看，实际上它会加剧痛苦。对于焦虑患者而言，长期压抑情绪可能会产生意想不到的后果。长期压抑情绪会导致身体出现过度的生理反应，并加剧焦虑症状。讽刺的地方在于，最初促使你压抑情绪的生理紊乱症状现在却被压抑的行为本身所延续。这就形成了一个恶性循环：被压抑的情绪不断影响你的身体，使焦虑症状进一步加剧。

焦虑会让你在情绪上变得更加脆弱，被身体感受引发的恐惧所驱使，你试图逃避，这是一种压抑而非接受情绪困扰的做法。这会导致你无法清晰地认知情绪，并加剧痛苦。由于没有机会来管理情绪，你应对情绪困扰的信心也会随之降低。这反过来又会加剧焦虑，你会发现自己陷入了另一个焦虑循环，如下图所示：

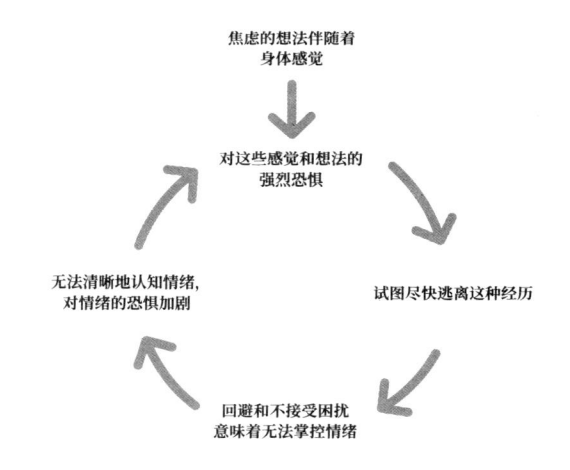

```
         焦虑的想法伴随着
            身体感觉
              ↓
        对这些感觉和想法的
           强烈恐惧
         ↗           ↘
无法清晰地认知情绪,      试图尽快逃离这种经历
对情绪的恐惧加剧
         ↖           ↙
         回避和不接受困扰
         意味着无法掌控情绪
```

回避情绪

回避是一种常见的情绪应对方式，但它往往会造成适得其反的效果，它在焦虑康复中扮演着重要的角色。事实上，下一章将专门探讨回避的概念及其对焦虑的影响。回避可以有多种形式，包括情绪回避和行为回避。情绪回避通常会导致行为回避。为了避免痛苦的情绪体验，人们会采取一些行动来缓解这种感

觉，例如立刻远离某种情境，或者采取一些即时的行动。人们常常使用物质、酒精和食物来与令人痛苦的情绪保持距离或暂时分离。分散注意力可以是一种健康且有益的活动，适用于情绪处理之后。然而，有时它也会以一种不健康的方式使用，成为完全回避情绪的一种手段。在本章后续的"如何管理情绪困扰"部分，我们将探讨如何更有效地处理情绪，介绍健康的注意力分散技巧。

对情绪困扰做出冲动反应

面对焦虑带来的棘手情绪，我们往往会做出冲动的反应，而这恰恰阻碍了我们克服焦虑的进程。在感知到威胁时，我们的身体会触发防御性反应和行为。当然，当你感到恐惧和心烦时，你可能会渴望尽快摆脱那些可怕的感觉。但如果试图减轻负面情绪而冲动行事，其代价将远远超过采取行动缓解情绪强度所带来的短期解脱。例如，避免在群体或社交场合发言可能会在短期内让你感觉更好，但从长远来看，这种策略却在无意中巩固了你的焦虑。这些策略取得了适得其反的效果,在各种焦虑问题中普遍存在。以健康焦虑为例,患者通过反复的冲动性检查来寻求短期的安全感,但这种方式却会导致一种持续的不安全感。因为只有在检查时他们才会感到安心,所以他们会陷入不断检查的循环。这不仅会带来额外的痛苦,还会延长焦虑的状态。

在了解焦虑如何以四种方式干扰情绪调节之后,你是否能从中找到与自身情况相符的行为模式?识别这些模式可以帮助你觉察需要做出哪些改变。因此,请记住这些模式,或者快速记录下来,以便日后查阅。

理解自身的情绪体验

理解你的情绪至关重要,因为它可以帮助你认识到情绪如何影响你的想法和行为。因此,在探讨提升情绪困扰应对能力的策略之前,我们要深入了解你的情绪,以及它们如何决定你的行为。这将为接下来的练习奠定基础。当你意识到这些模式时,你可以更明智地决定自己的行为。它能够指导你选择正确的策略来管理自己的情绪。为了深入了解你的情绪困扰，重要的是要梳理触发因素、焦虑想法、情绪困扰，以及随之产生的行为之间的联系。通过识别这些联系，你可以更好地理解情绪困扰背后的机制，并做出明智的应对选择。

下图可以帮助我们理解这一点，它揭示了触发因素如何引发焦虑想法，进而导致情绪困扰。为了缓解这种困扰，人们往往会采取一些行动，却无意中强化了最初的焦虑感。这使得焦虑循环不断加强，变得根

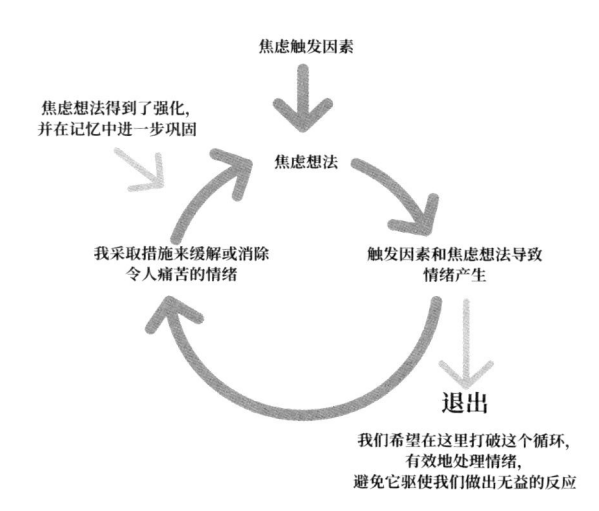

```
                      焦虑触发因素
                           ↓
焦虑想法得到了强化，
并在记忆中进一步巩固     焦虑想法

  我采取措施来缓解或消除      触发因素和焦虑想法导致
      令人痛苦的情绪                情绪产生

                                      ↓
                                     退出
                           我们希望在这里打破这个循环，
                              有效地处理情绪，
                          避免它驱使我们做出无益的反应
```

深蒂固,并在后续的情境中容易被激活,导致焦虑不断加剧的恶性循环。

正如我之前所说,在许多情况下,触发因素往往会激活焦虑思维,进而引发情绪困扰。为了减轻这种困扰,人们通常会采取一些行动,却在无意中强化了最初的焦虑感。然而,在某些情况下,图中描述的情绪阶段似乎被跳过了。这通常是因为人们需要快速做出反应,并消除被触发的情绪困扰。匆忙行动使你没有足够的空间去反思自己的感受,这阻碍了你的情绪处理能力,也阻碍了你跳出循环的可能性。为了阐述这一点,让我们看看我的病人奥利维亚的情况。你可能会对奥利维亚的倾向感同身受,她很容易触发焦虑,以至于无法觉察潜在的情绪,因此你会诉诸反应性的应对方式,试图控制你所处的环境。

患者案例:奥利维亚的情绪跳跃

我的病人奥利维亚往往倾向于直接跳过情绪阶段。她会在触发焦虑后立即做出反应,甚至没有意识到自己的感受或理解其中的原因。结果,她感到无力应对自己的困扰,除了采取防御性的反应之外别无选择,而这只会加剧她的焦虑。奥利维亚的案例突显了焦虑如何迅速引发情绪,造成一种需要立即回应的紧迫感。这种紧迫感有时会如此迅速且强烈,以至于伴随而来的情绪可能会受到忽视或不被承认。在我们的共同努力下,奥利维亚逐渐意识到她的情绪主要集中在不安全、担忧、不确定和危险的感觉上。过去,她会采取一些措施来应对这些情绪,例如寻求安全感、减少担忧和降低不确定性。这些方式在当时是合理的,能够帮助她获得暂时的安全感,但我们发现实际上她是在试图逃避这些情绪,于是我们决定做些改变。首先,奥利维亚需要了解自己为什么会感到不安全、忧虑、不确定和危险。奥利维亚的情绪与她焦虑想法的内容相一致,这并不难理解。她也认识到,过去的困难经历塑造了她当前的情绪状态。承认这种联系帮助她区分了过去和现在的影响,从而减轻了情绪困扰的程度。此外,奥利维亚还努力监测自己的思想和感受模式,以及触发这些模式的情境。奥利维亚意识到,记录自己逃避情绪的行为至关重要,因为这些行为正是她需要改变的地方。在此之后,奥利维亚运用一系列策略来增强自己应对困难情绪的信心,包括接受、标记和观察情绪,练习自我同情、认知干扰,安抚自己的情绪。这些技巧帮助奥利维亚走出了焦虑循环,本章将详细介绍它们。

现在,让我们进入下一项任务,它将帮助你更深入地了解自己的情绪反应。通过这个练习,你将不仅能够识别自己的情绪触发因素,以及情绪引导你走向的行动路径,还可以了解到你所经历的情绪背后可能隐藏着哪些目的或功能。提高对情绪的认识是本章后续内容的基础。我将在接下来的章节中为你提供更多的工具和技巧,帮助你更好地管理情绪。

任务21 了解你的情绪反应

请仔细回忆你近期经历过的一个让你感到焦虑和情绪困扰加剧的情境,并根据这个情境回答以下问题。

1. 这个情境是什么?
2. 这个情境让你如何看待自己?

3. 你经历了哪些情绪？参考后文"情绪轮"中的词语来识别这些情绪。

4. 以0~10的等级来衡量（其中10表示最高等级），这些情绪的强度如何？

5. 在你过去的经历中，是否有类似于你在这次情境中所感受到的情绪困扰？如果有，请描述。

6. 你的情绪是否影响了你以某种特定的方式行事？如果是，你会有何种反应？

7. 你认为自己为什么会产生这样的反应？你的反应产生了哪些积极或消极的情绪？

8. 这个情境的结局是什么？

9. 回顾过去，你的情绪是否影响了你以一种不必要的方式做出反应？

10. 你是否认为自己的反应加剧了焦虑问题？如果是，你能分析出具体的原因或机制吗？

请看看我的病人艾娃的经历，她曾经饱受恐慌发作的折磨。她的经历正是本书所要探讨的主题的一个生动例证。

患者案例：艾娃的恐慌发作

为了帮助你完成这个练习，让我们思考一下恐慌症患者艾娃的经历。

1. 什么情境导致你恐慌发作？

我遇到了一种让我难以承受的情境，或者一种危机四伏的情境。

2. 这种情境让你对自己产生了什么样的想法？

我心想："完了，一定会发生什么不好的事情。我无法应对这种情况。"

3. 在这种情境中，你经历了哪些情绪？

我感到极度的恐惧、不安和压倒性的恐慌。

4. 以0~10的等级来衡量（其中10表示最高等级），**这些情绪的强度如何？**

这些情绪的强度大约是8/10。

5. 在你过去的经历中，是否有类似于你在这次情境中所感受到的情绪困扰？如果有，请描述。

是的，它让我想起了过去那些让我感到恐惧和孤独的时刻，仿佛面对无法克服的挑战，那种恐惧和无助的感觉再次涌上心头。

6．你的情绪是否影响了你以某种特定的方式行事？如果是，你做出何种反应？

是的，我采取了一些旨在寻求安全和控制的行为。我可能会回避某些情境，进行重复的行为或向他人寻求安慰。

7．你为什么选择以这种方式做出反应？你的反应产生了哪些积极或消极的情绪？

我以这种方式做出反应，因为它给了我一种暂时的宽慰和安全感，它让我获得一种掌控感，并减轻了我当时所经历的即时焦虑。

8．这个情境的结局是什么？

最后没有发生糟糕的事情，情况得到了解决，没有造成任何负面后果。

9．回顾过去，你的情绪是否影响了你以一种不必要的方式做出反应？

是的，我的情绪导致我采取了一些与情境不相符或多余的行为。

10．你是否认为你的反应加剧了焦虑问题？如果是，你能分析出具体的原因或机制吗？

是的，过去我习惯于逃避和寻求安慰，这种模式反而强化了焦虑的反应，使我更加难以摆脱它的掌控。我意识到，寻找更健康的对策和直面恐惧至关重要，但目前我不确定该如何做到这一点。

请反复进行上述练习，直到你觉得有所帮助。你可以用它来处理不同的情绪和触发因素，持续探索，直到你对焦虑伴随的情绪模式产生更清晰的理解。这种理解本身可以帮助你缓解一些恐惧，也可以帮助你减缓你经历的快速情绪反应。当你的反应变慢时，你更能够注意到它们并采取相应的措施。

顺便一提，值得注意的是，除了焦虑之外，其他因素也可能会影响你经历的情绪困扰程度。在身体疲劳或睡眠不足时，你更容易感到困扰。饥饿会导致调节情绪的激素发生变化，所以在饥饿的时候你往往会感觉很糟糕。此外，在经历情绪困扰时，更要关注自己的基本需求。

如何管理情绪困扰

本节将带领我们进入实践领域，探讨一些处理情绪困扰的实用策略。这些技能旨在帮助你更有效地管理情绪。这可能需要一些练习，但随着时间的推移，如果你坚持下去，它们会逐渐成为你的一种习惯。当这些技巧融入你的日常生活时，你会发现它们所需付出的努力和有意识的思考都少了很多，这让事情变得轻松许多。每当你发现自己面对困难的情绪时，不妨将其视为一个运用这些技巧的机会，从而进一步提升你对它们的掌握程度。

本章所介绍的技能，旨在帮助你学习如何觉察并管理自己的情绪，避免无效的应对方式。具体而言，这些技能包括识别情绪困扰、关注情绪困扰、允许情绪存在、在自己和情绪困扰之间创造距离、认识到"我"并非"我的感受"。最后，以同情的方式回应自身，缓解情绪带来的困扰。我们将在下文逐一介绍这些步骤，为你提供完成每一步所需的工具。你可能会发现其中一些主题似曾相识，例如我们曾讨论过接纳和注意力。你所学习的许多技能都有助于克服焦虑，它们相互交织、相互补充，在前文的基础之上进一步发展。

技巧1：接受和观察你的情绪

所有的情绪都是短暂的，我们不会无限期地经历一种特定的情绪。情绪是不断变化的，即使在经历这些情绪时它们看似永恒。请观察你的体验，不尝试改变、控制或抵抗你拥有的情绪，进而练习并培养你对情绪困扰的接受程度。这项技能的核心在于，当情绪涌现时，你可以以一种开放和欢迎的态度试着去接纳它们，不带任何评判或抵抗。采取开放和接受的态度对待你的情绪，你可以更深入地理解它们，并体验它们的变化和消退。

任务22　通过正念观察来拥抱你的情绪

无论你的情绪如何，请试着以好奇和接受的态度去观察它，觉察它的存在、形态和变化。将以下要点作为指引,深入探索你的情绪,并花足够的时间(10~20分钟)进行反思。

首先,缓慢地深呼吸几次。

认识到你的情绪困扰并接受你此刻的感受,大声说出你正在经历的事情和你的感受。

试着沉浸在情绪中,全身心地感受你的情绪。它在你身体的哪个部位?是头部、胸部,还是胃部,抑或在身体之外?在身体的上方、下方、后方,还是前方?在身体的左侧还是右侧?

你的情绪是什么颜色?

它是一成不变的,还是动态的?如果有变化,它们的速度是多少?它们向哪个方向移动?

注意你的情绪在强度上的变化。一开始它们的强度是多少?当你观察和接受它们时,强度会发生怎样的变化?

注意,一些情绪可能会引导你做出特定的反应。它们想要把你带向何方?

将自己的感受视为感受,它们既不是威胁,也不是绝对的真理。使用如下短语将自己与情绪分开。

> "我有这样的感觉……"
>
> "我注意到我有这样的感觉……"
>
> 注意你在说出这些话时的感受，以及你与这些感受之间的变化。试着将自己与情绪分离，将它视为发生在你身上的事情，而不是你本身。
>
> 试着将你的情绪想象成天空中的一朵云，甚至想象将情绪写在云上，然后想象风将云朵吹离你的视野，就像它对天空中的所有云朵所做的那样。
>
> 进行几次缓慢的深呼吸，用鼻子吸气，用嘴巴呼气，让自己回到当下。

将你容忍激烈情绪的能力想象成一个气泡。你越是允许自己体验情绪，而不尝试控制或抵制它们，这个气泡就越大。而你的每一次反应，都会影响气泡的大小。当你遇到焦虑、恐惧等强烈的情绪时常常会想要戳破这个气泡，摆脱不适，然而这种方法只会使你在情绪上变得更脆弱。相反，你可以试着在不加判断的情况下观察和接受你的情绪，让这个气泡变大。通过有意识地让你的情绪气泡变大，你增强了自己应对棘手情绪的能力。通过持续练习，你的气泡会变得更加灵活，能够承受艰难的情绪体验。请记住，你的情绪耐受水平并不是固定不变的，只要你有决心，你就可以继续扩大你的情绪气泡，改善你的情绪健康。

技巧2：标记你的情绪

在情绪出现时，为它们贴上标签，这能让你更深入地洞察自己的内心世界。当你为自己的感受贴上一个标签时，它可以帮助你更好地了解自己，更清晰、深刻地认识自己的情绪状态，犹如为自己的经历点亮一盏灯。这种意识和理解能够验证你的情绪，让你感觉不那么痛苦。同时，给情绪贴标签也在你和情绪之间创造了一些距离，让你像旁观者一样观察它们，而不是被它们所控制。保持适当的距离，可以让我们更客观地审视自己的情绪，避免被情绪所淹没。重要的是，给情绪贴标签，可以激活大脑的前额叶皮质，这一区域参与情绪的调节和决策。这种激活有助于帮助我们调节情绪强度，并考虑其他观点或应对策略，从而进一步缓解你的痛苦。

我们不仅要觉察消极情绪，更要承认积极情绪的存在。这能帮助我们心怀感激地看待生活中的积极经历，即使它们因焦虑而显得微不足道。积极的态度可以提升你的情绪，平衡你的思维，减轻绝望感，并培养感恩之心。此外，承认积极的情绪也有助于平衡那些主导我们情绪体验的消极情绪。无论积极情绪对你来说多么短暂或微不足道，都请花些时间去承认、标记并反思它们。

普拉契克情绪轮是一个非常有用的工具，可用于识别和理解自己的情绪。它以图形的方式展示了不同的情绪，以及它们之间的关系。该情绪轮基于一个理念，即存在八种基本情绪：喜悦、信任、恐惧、惊讶、悲伤、厌恶、愤怒和期待。要使用该情绪轮，首先需要确定你正在感受的情绪，在情绪轮上找到相应的位置，观察相邻或相对的情绪，思考它们之间的关系。接着思考情绪的强度，以及它可能对你的思维方式和行为反应产生怎样的影响。情绪轮的外圈显示了每种情绪的强度，中心代表最强烈的感受，而外围则代表最微弱的感受。

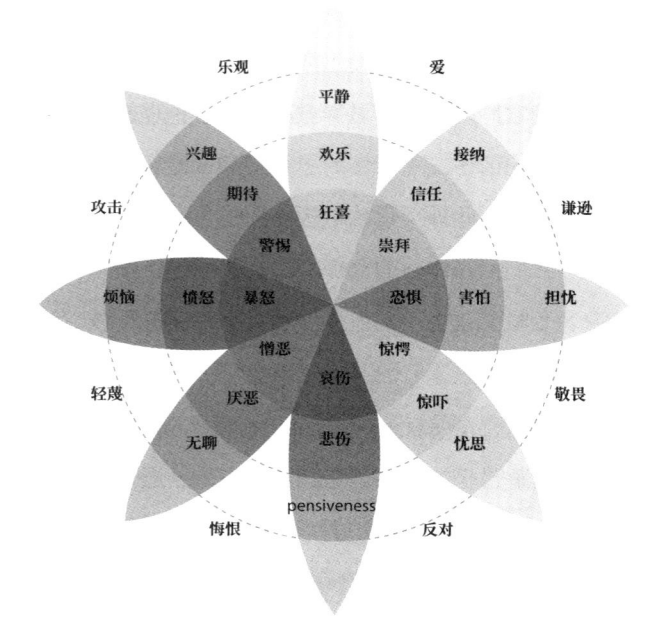

任务23 标记你的积极和消极情绪

使用上文的情绪轮来帮助你识别自己的情绪。

你可以说出"我感觉……(情绪的名称)，这是一种正常的感觉"，这是一种有效的情绪标记方式，或者你可以自问："我感觉怎么样？"如果有必要，可以参考上文的情绪表格。

你也可以记录自己在某个特定时刻的感受，以及这种情绪的触发因素。例如："今天我在工作中说不出话来，我感到非常沮丧和失望。"

当你练习标记自己的情绪时，它会帮助你注意到积极，甚至中性的情绪状态；参考上文的情绪轮，了解不同类型的感受。了解所有的情绪可以帮助你有效地练习这项技能。

这项练习的目的很明确，即帮助你在情绪产生时，能够准确地识别并命名它们。这看似简单的命名行为，却能帮助你更好地理解情绪背后的情境。请记住，练习的初衷并非要评判你因为经历难以处理的情绪而显得软弱或能力不足。相反，它旨在帮助你向自己展示同情和理解。在下一技巧学习中，你将深入了解自我同情的概念。

技巧3：自我同情

在遭遇困难或状态不佳时，自我同情能够帮助你以善良、理解和接纳的态度对待自己；特别是当你面临困境时,它意味着像对待一位正在经历困境的亲密朋友或家人一样,给予你同等的关爱和支持。自我同情至关重要,因为它能够帮助我们与自我建立积极而支持性的连接。与苛责或批判自己不同,自我同情鼓励我们接纳自己的全部,并给予自己温柔的呵护。它提醒我们,困难和缺陷是人生的常态,因为我们都是不完美的个体。这一心态有助于我们培养情绪韧性,促进我们对成功和失败形成更健康的认知,同时,这也是管理焦虑、提升整体幸福感的重要途径。想要克服焦虑,首先需要培养对自己怀有同情心的动力。这意味着我们要认识到自己的经历是宝贵的,自己也值得被温柔对待。

任务24 自我同情

这项技能旨在帮助你对自己温柔,避免对自己的情绪进行自我批评。请记住,情绪只是情绪,你无法掌控它们。通过向自己表达同情,你将提升面对和处理困难情绪的能力。为了培养对情绪困扰的自我同情,你可以尝试问自己以下问题:

- 如何更加坦然地面对我所经历的事情和我拥有的情绪？
- 如何更加细心地感受自己的感觉？
- 我可以说些什么或做些什么来表现出更多的细心？
- 我的哪些言论或思想可能被认为不够细心？
- 当我有这样的感觉时，我需要什么？

用富有同情心的语气说话，这与日常的语气大不相同；可以参考你在内心与自己对话时所使用的词语，并根据需要进行调整，例如"我总是感到如此恐慌和不安，真是太敏感了"。

可以将这句话改成："难怪我会有这种情绪。我容易产生不安的感觉，因为我经历了太多的事情。"

设想一下，倘若一位朋友或亲人向你倾诉"我感到无比的可怜和无助，恐惧始终压得我喘不过气"，你会以批评和评判的态度回应，让对方"振作起来"吗？当然不会。然而，这却是我们对自己惯用的言语。与其如此，不如试着用同情和理解的态度对待自己：承认并正视你正在经历的痛苦，给予自己温柔和关爱，而非一味地自我批评。如果有必要，可以与自己内心那个天真而脆弱的孩子建立联系，想象一下那个孩子的模样，或者找一张你小时候的照片来唤起这种联系。将自己视为孩子，这是一种培养自我同理心的有效方法，尤其是在难以用其他方式表达自我同情的时候。花些时间，将自己孩童时期的形象唤起，并用温柔、同情和理解的语气对自己说话。试着像对待一个处于困境中的孩子一样，用温柔的言语和温暖的关怀来对待自己。这种做法可以帮助你培养更深层次的自我同情，进而提升情绪幸福感。

以下是一些例子：

"我为你的遭遇感到万分惋惜，我知道这对你来说非常艰难。"

"你可以依靠我，我会在你身边照顾你。"

"我理解你的经历。"

"我爱你，我会支持你、帮助你。"

"我知道这有多困难，但我也坚信你一定会渡过难关。"

"你不是一个人,我在这里陪你。"

"你有这样的感觉是正常的,完全可以理解。"

技巧4:自我安抚

在经历情绪困扰时,自我安抚能够为身体提供有效的安慰和支持。它旨在帮助你应对困难情绪,恢复内心的平衡。通过参与自我安抚活动,你将为自己创造一个安全的身体恢复空间,即使身处逆境,也能获得平静和舒适。大量研究表明,自我安抚在经历了剧烈的情绪波动后尤其有效,同时也能帮助你在遭受生理压力后重塑身体状态。自我安抚与一般的自我关爱有所不同,后者通常包括一些定期的活动,旨在改善整体的健康状况。尽管在经历情绪压力时,某些自我关爱的做法也能起到安抚作用,但另一方面,自我安抚则是一些特定的行为,旨在平息和抚慰自己在情绪困扰中的心情。这是一种更有针对性的方法,旨在缓解情绪,恢复内心的平和,帮助你应对情绪挑战。下文表格中列举了一些自我安抚的方法,你也可以参考第三章中的工具,以及第十章的"愉悦身心的100个活动创意"清单，以获得更多灵感和想法。此外，你可能也已经积累了一些自己的想法。

任务25　自我安抚

尝试不同的自我安抚策略，找到最适合自己的方法。以下是我推荐的一些方法。可以尝试简单的呼吸练习：缓慢地通过鼻子吸气3秒，屏住呼吸4秒，然后缓慢地通过嘴巴呼气5秒。坚持至少5~10分钟，或者根据需要延长时间。

自我安抚的身体接触可以缓解情绪困扰。自我拥抱和自我触摸是简单有效的自我安抚方式。你需要找到最适合自己的接触方式，并且每次接触时持续几分钟。在练习自我安抚的身体接触时，先以缓慢的节奏深呼吸几次，然后将注意力转向双手与身体部位接触时的温暖感受和其他感觉。以下是一些自我安抚的身体接触建议：

- 将手掌放在胸口。
- 将手掌放在腹部。

- 将右手放在左胸，左手放在腹部。
- 抚摸上臂。
- 抚摸脸颊。
- 双手环抱自己，同时轻抚肩膀。

利用气味来安抚自己：在柔软温暖的毛巾上滴上一两滴精油，舒适地仰卧，然后将毛巾慢慢地敷在脸上，缓慢地深呼吸，专注于精油的芳香。

抽出时间来聆听你最喜欢的音乐，或者那些让你感到平静、满足和放松的音乐。你可以跟着音乐哼唱或歌唱；花些时间创建一个专属的播放列表，以便在困扰时随时使用。

留意那些曾经给你带来积极情绪的经历。这些经历可以很平凡，比如你发现自己心情愉悦、容光焕发，或是被某件事逗笑了，或者看到了一些有趣或鼓舞人心的事物。我们希望尽可能地找回积极情绪，花些时间仔细地思考它们，并探寻引发它们的根源。

积极的情绪会引发人们热情的反应，因此，将你的感受和经历与他人分享，并探讨其中的原因。

你可以通过口头或信息交流的方式告诉朋友："嗨，你好吗？我今天感觉棒极了""昨晚我看了这部电影，笑得停不下来，你看过吗？"这种技巧可以帮助你拓宽思维，将注意力聚焦于美好的事物上，从而阻止焦虑情绪在你的大脑中占据主导地位。

除此之外，还有其他许多自我关怀活动可以帮助你缓解和应对自身正在经历的情绪。你可以泡一个舒服的热水澡，为自己烹饪一顿精致的美食，观看一部喜爱的电影，裹着毯子阅读一本心仪的书籍。

技巧5：有效分散注意力

有效分散注意力是指有意识地将注意力从困扰你的事情转向一些有意义的活动上。这样可以避免过度关注痛苦，从而防止情况恶化。无效分散注意力则包括一些逃避行为，由此产生的结果只能是逃避思绪和情绪，从而使焦虑问题延续下去。相比之下，有效分散注意力并不是要压抑这些经历，而是在转移注意力之前承认它们的存在。为了有效地分散注意力，首先，我们需要接受自己的情绪困扰，理解它，妥善处理它，然后将注意力转移到当下，专注于一些有意义的事物或能让你放松的活动。有效分散注意力也包括认知干扰，它需要你付出更大的心智努力。在你觉得难以转移注意力时，这个技巧尤其有用。

有效分散注意力并不是管理情绪困扰的唯一或完整的解决方案，但它可以作为一种辅助手段，与其他策略一起使用。其目的是帮助你在发展和完善长期方法的技能、实现更持久改变的同时，提高调节情绪的能力。

一般而言，任何对你有意义的事情都可以成为分散注意力的方式。例如，你可以选择一项你一直想要完成的任务，或者一项你喜欢的活动，比如DIY、烘焙、绘画、针织等。体育锻炼也是一种分散注意力的有效方法。散步、跑步或练习瑜伽都可以帮助你保持当下的状态。听音乐、读书或看电影也是不错的选择。重要的是，找到最适合自己的方法，找到那些能让你感到喜悦和平静的事物。

认知干扰指的是那些需要你投入更多心智、消耗更多认知资源的活动。它们要求你全神贯注地进行更深入地思考。读书或看电视可能并不足以产生有效的干扰效果,因为它们并不总是需要你付出足够的脑力。在这一部分,我们将为你提供一些具体的认知干扰方法。

任务26 认知干扰

尝试以下的认知干扰方法:

⦿ 从25开始,每隔5个数倒数,然后从50开始倒数,再从100开始倒数。你也可以增加难度,尝试从100开始,每隔6、7、8或其他数字倒数。

⦿ 随机选择一个大于100的数字,然后不断减去其他数字(例如6、7或8),直到结果为0。如果速度太快,就从下一个100中再选择一个数字,重复这个过程。

⦿ 尝试复杂的拼图、填字游戏或益智游戏应用程序。

⦿ 拨通你一直想要联系的朋友或亲戚的电话,与他们讨论特定的话题。边走边聊的效果更佳,可以增加认知负荷。

- 将最近旅行或度假的照片整理成数字或实体相册。
- 详细规划你一直想要完成的家庭或花园改造工程。绘制图画,列出清单,选择颜色和主题。
- 检查未来一个月或三个月的计划,规划你的日程和活动。
- 外出散步或跑步时,不妨听些感兴趣的音乐或播客。
- 按照字母表的顺序,想出以每个字母开头的动物名称。进行一些研究,找到每个字母对应的动物,或选择除动物之外的其他类别。
- 尽可能详细地规划即将到来的旅行行程。

尝试过一些分散注意力的技巧之后,反思它们的效果就变得至关重要了。若某个技巧未缓解你的痛苦,也不必担忧,你可以调整它或尝试其他策略。当你感到痛苦减轻,不再那么无助时,就说明特定的转移注意力策略有效。可以尝试不同的技巧,直到找到最适合你的那款。

管理强烈情绪的 10 个要点

1. 需要注意的是，焦虑伴随的一系列强烈情绪是完全正常的。这些情绪可能会带来很多困扰，让你难以忍受。

2. 需要注意的是，伴随焦虑想法或随之而来的强烈情绪有时会让你误以为出现了严重问题，即使事实并非如此。你的心智存在一种偏见，会把焦虑引起的情绪视作威胁的事实证据。

3. 情绪就是情绪，你无法与它们争辩。相反，你要专注于使用本章概述的策略，学会有效地应对它们。

4. 仅从情绪困扰出发，对焦虑进行推断，可能会导致你陷入一些加剧焦虑的行为模式中。必须注意这一点，应避免加剧自身焦虑。

5. 避免压抑或回避你的情绪困扰，这只会适得其反。虽然它可能会带来短期的缓解，但从长远来看，它会加剧焦虑问题，并削弱你有效处理困难情绪的能力。

6. 理解情绪困扰与焦虑之间的关系至关重要。厘清两者之间的联系，你将更好地武装自己，去管理和调节自身的情绪。

7. 伴随焦虑想法或随之而来的情绪通常会具有误导性，它们并不一定反映客观事实。学会与自身的内在体验建立更强的联系，并将情绪与自身的想法和感觉区分开来，这将使你能够更有效地处理它们。

8. 承认并接受你的情绪困扰，这有助于减轻它对你的负面影响，释放你的心理资源，集中精力寻找有效的解决方法。

9. 在情绪出现时，无论其积极与否，为其贴上标签。培养自我同情，学会自我安抚，有效地分散注意力，以提升应对情绪困扰的能力。

10. 坚持不懈地练习情绪调节技能，使其成为你日常生活中的一部分。通过持续的练习，你将逐渐建立起强大的心理韧性，从而能够更好地应对焦虑。

重复性活动

针织、涂色、解谜、打扫、整理、演奏乐器……这些重复性活动可以成为平静心灵、减轻焦虑的有益方法。它们能够有效地吸引你的注意力，将你从焦虑的想法和情绪中抽离出来。参与重复性活动，意味着你可以将注意力转移到自己能够掌控的事情上，无须担心未来的不确定性。同时，这类活动也可以起到安抚和放松的作用，让你感到更加自在。当你投入其中时，你能够更加专注于当下，觉察到身体的感受和动作。你是否还知道其他可以帮助平静心灵的重复性活动呢？

第七章

如何应对不确定性

我们对生活中的所有事情都有绝对的把握吗？这可能吗？生活意味着处在充满不确定性的环境下，不要让不确定性消耗你的心智，或扰乱你的日常生活。无论我们做什么，不确定性都是不可避免的，我们最好的选择就是培养自己的承受能力，这样就可以减轻它给我们带来的焦虑和困扰。最近的全球性事件，如新冠大流行、冲突和气候灾难，无不充斥着不确定性。有时候，不确定性甚至成了生活的固有特征。如果你难以容忍生活中的不确定性，那么频繁出现的不确定性可能会让你更焦虑。你可能和我的许多患者一样，饱受焦虑困扰，你希望生活中的不确定性可以统统消失掉，但在内心深处，你知道这么做没用，只能让你暂时喘口气。事实是，你无法完全消除不确定性，每一次尝试都只会让你更焦虑，阻碍你走向康复之路。虽然生活的某些方面超出了我们的控制，但你可以控制的一个关键方面是你应对不确定性的方式，这也是你的最大优势。认识和应对不确定性对于克服焦虑来说至关重要。

在我的临床经验中，我注意到每一个与焦虑斗争的患者也都在与不确定性做斗争。一些患者首先找到了我，另一些人在咨询我之前已经咨询过其他医生、治疗师或心理医生。在我的临床工作中，我总是会给病人制定标准的治疗方案，其中就考虑了不确定性等问题。因此，最初让我很惊讶的是，在之前寻求过帮助的患者中，治疗的重点竟然不是提高他们对不确定性的承受能力。我在20多年的临床工作中开展了众多研究，这些研究都强力支持不确定性对焦虑的助长作用。早在1998年，我就看到过一篇重要的论文，强调个体对不确定性的承受能力的提升能大大缓解焦虑症状。随后的研究，包括2001年一项涵盖347名受试者的研究，进一步证实了对不确定性缺乏承受能力与焦虑之间存在密切联系。在过去的20多年里，诸多研究一致认同承受能力不足对临床焦虑症的破坏性影响。不确定性助长了焦虑，反之亦然。

在管理焦虑的过程中，一心想解决每一个不确定性会让你感觉像是在一个没有尽头的黑暗房间中摸索前行。每一次，你都小心摸索着，试图通过找到灯的开关来确定房间里有什么。但无论你开多少次灯，前方总会有另一个黑暗的房间等着你去确定，另一扇门可能通向更多的不确定性。我理解你想照亮每一个黑暗角落的想法,但归根结底,这并不能帮助你战胜焦虑。想要解决每一个不确定性是很正常的想法,但它不切实际。

找到内心平静的关键在于学会接受不确定性,培养应对技巧,增强信心。

在这一章中,我们将仔细探讨不确定性是如何滋生焦虑的,并探索有效的策略来管理它。我会告诉你如何提升你对不确定性的承受能力,当你能成功做到这一点时,你的焦虑就会减轻。事实上,事情并不总会按照我们计划的方式发展,或者按照我们的期望进行。但如果你在生活中为不确定性留出一些空间,你的应对能力将得到提升。应当学会控制和容忍不确定性,即使发生了一些不好的事情,你也有应对之策。

了解不确定性

不确定性是指对某事一无所知的心理状态。不确定性意味着你无法预测结果。你和我都无法预见未来,因此我们总会对某些事情感到不确定。每个人对不确定性的承受能力不同。有些人似乎一点也不感到困扰，并且应对得游刃有余，他们甚至很享受不确定性带来的刺激和兴奋！这类人属于那种性格比较随性的人，愿意尝试新事物，甚至可能很享受坐过山车、蹦极或看恐怖电影。虽然这些活动通常没什么危险性，但有时人们可能会选择冒险，跨出健康的舒适区，挑战承受能力的极限。这可能导致人们做出危险行为，无视风险，或者陷入困境。在追求新奇和冒险体验的同时，也要确保个人的身体和精神健康。就我个人而言，随着年龄的增长，我必须承认，我对过山车并不"感冒"，我也不会怂恿你去坐过山车。对于其他人来说，他们对不确定性的承受能力取决于具体情况。最后，有许多人发现即使是微小的不确定性也难以容忍。他们对不确定性的厌恶是如此强烈，以至于触发了不良反应。真正的问题来了，因为它让人们产生了高水平的焦虑，焦虑诱发了一些行为，行为又助长了焦虑。这是一个恶性循环，因为这些行为只会强化人们对不确定性的厌恶。你一直尝试与之对抗，尝试通过控制来消除它，因为你不相信自己能处理好它。随着焦虑的加剧，你对不确定性的感觉也会随之加剧，而这会降低你的承受能力。

你可能觉得放任不理会出大问题，把焦虑想象成一个校园恶霸，他不断地告诉你该做什么、该感受什么，如果你不照着做，后果就会很严重。这个恶霸会让你生活在惊惧中，即使这样做并不合理或合乎逻辑。你可能会非常害怕和恐惧，所以你会对焦虑言听计从，照做一切，即使这对你来说并没有任何帮助，也不利于你的健康。问题在于，当你有时候没有听从这个恶霸的命令时，你便开始担心自己会忽略些什么。这个恶霸让你深信，如果你不时刻担心，就会出大事。这种对不担心的恐惧可能会导致焦虑，让你陷入一个很难摆脱的恶性循环中。但你不必成为这个恶霸的受害者，你可以勇敢站起来面对他，质疑他的谎言，就像你勇敢面对校园恶霸时。他拿你没办法一样，当你质疑他的想法毫无根据时，焦虑也就无法控制你了。通过练习和使用有效的工具，你可以克服不担心的恐惧，摆脱焦虑的掌控。

让我们更仔细地观察焦虑和不确定性所创建的循环，以及每个循环是如何促发下一个循环的。请记住，问题性焦虑通常都有一个触发因素——内部因素，或者是外部因素，也可能是微妙到你自己都没有意识到的因素。

这个触发因素随后会引发一种焦虑的想法和/或感觉，进而让内心产生一种不确定感。为了消除这种感觉，你被迫采取某种行动。然而，每当你在不确定的情况下努力寻求确定性时，你对不确定性的厌恶感就会增强。你知道专注于控制或消除不确定性为何会加剧焦虑吗？请花点时间思考一下这张图，观察焦虑循环是如何使你的问题性焦虑持续存在的。

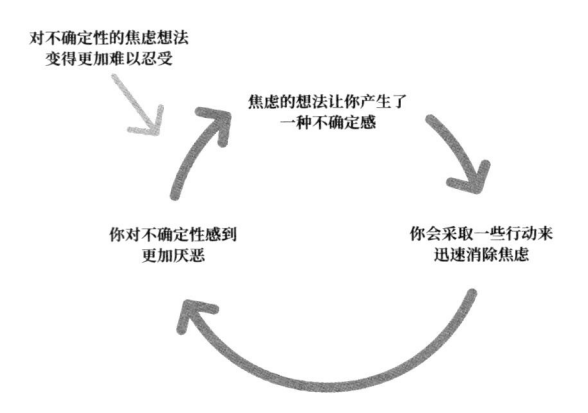

```
对不确定性的焦虑想法          焦虑的想法让你产生了
  变得更加难以忍受              一种不确定感

   你对不确定性感到            你会采取一些行动来
      更加厌恶                  迅速消除焦虑
```

每当陷入焦虑循环时，你对不确定性的恐惧都会加深。你的应对方式削弱了你管理和承受不确定性的信心。随着你这种行为的继续，一个循环将触发下一个循环，你的症状就会不断恶化。健康焦虑或惊恐症患者面对的挑战在于对生理反应的不确定性，而社交焦虑者的困扰则源于他们对自己在他人眼中的形象和印象的不确定性。

与此同时，患有广泛性焦虑症的个体将不断担忧从一个可能的不确定情景转移到另一个不确定的情景上。无论具体在焦虑什么，他们通常都会经历警觉性提高，对不确定性的持续关注，以及对未知的强烈厌恶。

这种加强的警觉性本身就会成为焦虑加剧、生理反应增强，以及错误解读它们的触发因素。面对社交情境时，社交焦虑患者通常会怀着忧虑和一长串的不确定性，被自己预设的社交失败所影响。例如，我的一个患者就有过类似这样的担忧，比如："如果我说错了话怎么办？我不知道该怎么坐或者该把手放在哪里？"这些不确定性加剧了他们社交焦虑的持续循环，使他们更加不敢冒险，尤其是在发起一场对话或向他人介绍自己时。

你可能像我的患者一样，发现自己浪费了大量的时间和精力在为从未真正发生过的负面结果做准备。如果你陷入这种循环，关键是要认识到，即使你努力使一切都变得清晰确定，事情仍有可能不如你意；你无法改变现状，你的焦虑问题仍然存在。

不确定性引发的问题

缺乏对不确定性的承受能力会引发许多问题，其中一些你或许已经意识到。它让你陷入一个过度思考的循环，大脑被焦虑的想法占据。此外，它还促使你做出一些实际上会加剧你焦虑的行为，从而进一步加剧你的问题。你为了应对不确定性而做的许多事情也会让你身心疲惫不堪。

你采取这些行动的目的是减轻不确定性带来的痛苦，尽可能地消除不确定性，并增强你对未来的掌控感。以下列举了当缺乏对不确定性的承受能力时，或将产生的一些行为：

- 你生活在这样一个假设里——不确定总会带来不好的后果。

- 你回避可能让你感到不确定或不安全的情况，尽管客观上它们并非如此。这种倾向可能源自你难以区分不确定性和真实的危险。

● 即使只是微小的风险，你也很难不去过分在意，此外，你还会幻想未来可能发生的灾难。

● 你会避开新的地方，因为你对陌生环境感到焦虑，并想到可能发生的所有问题。

● 你减少了把自己暴露在未知中的时间，这是一种回避行为，我们将在下一章中讨论。

● 你尝试通过想象所有可能发生的未来情景来为你可能面对的每一个不确定性做好准备。

● 你尽一切可能从日常情况中消除不确定性。

● 为了消除不确定性并减轻它带来的不适，你会出于冲动贸然采取行动。这些行动可能包括避开某些情况、取消计划或待在熟悉的地方。

● 为了缓解不确定性带来的回避情绪，你会避免可能引发不确定结果的情形，比如去看医生或参加社交聚会。

● 你会专注于坏消息，并无休止地担心它会如何或可能在某一天影响到你。

- 你会接收超过实际所需的过多信息。比如,你可能会感到自己必须对特定的健康问题有很深的了解才行,或者过度关注环境风险。

- 你会反复思考,深陷焦虑的想法之中,却永远也得不出结论。

- 你经常寻求对你的健康、你在他人眼中的形象,甚至是对你需要做出的决定的过度认可。

- 不确定性会促使你反复检查身体,包括身体和心理方面。身体检查可能表现为健康监测行为,比如反复测量你的脉搏,或者由于社交焦虑而不断回看你发送的电子邮件;心理上的检查包括对过去事件的反复回顾,以及对自己的言行进行详细的分析。

- 你会使用不健康的应对机制。比如过度分心,以完全避开不确定性。比如让自己忙碌个不停,你会在与不确定性可能发生的任何接触中建立起一道屏障,希望逃避它所带来的不适感。

- 你会拖延做决定的时间。

你是否在自己身上发现了这些症状?你可能会采取这些行为来获得对事件的掌控感。然而,重要的是要认识到，这些行为实际上并没有减少负面结果发生的概率。尽管灾难发生的概率相对较低，但我的患者们经常认为灾难没有发生是因为他们做了预防措施。这种想法进一步加强了他们继续控制不确定性行为的倾向，并阻止他们承认和接受这些预测和担忧的灾难实际发生的罕见性。因此，他们会错失认识到控制不确定性并不会带来积极结果的机会，从而导致循环继续。

患者案例：瓦希姆的心脏

看看我根据患者瓦希姆的情况制作的图吧。它说明了瓦希姆是如何通过检查和寻求安心感的手段来控制或消除他的不确定性的。尽管这些行为是为了应对不确定性，但实际上，它们具有回避和控制的特点。从这些行为中获得的缓解效果是短暂的，瓦希姆很快就发现自己又陷入不确定的状态，从而导致这些行为一再发生。随着时间的推移，这种循环变得更加根深蒂固，频率和强度增加，对瓦希姆的控制力也变得更强。需要注意的是，尽管瓦希姆做了很多，但他罹患心脏病的实际可能性并没有降低。但在这个过程中,他对不确定性的承受能力减弱,焦虑加剧。

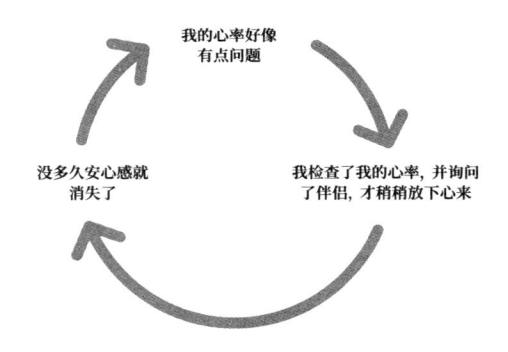

```
我的心率好像有点问题
    ↓
我检查了我的心率,并询问了伴侣,才稍稍放下心来
    ↓
没多久安心感就消失了
    ↑（循环）
```

除了之前提到的应对不确定性的行为外,你可能还会注意到由于潜在的不可预测性,你倾向于回避生活中的愉快事物。这种回避行为同样可归咎于不确定性,它会让你错过你本想参与的活动和经历。一个例子是度假或旅行,环境和日常的变化可能会让你感到失去了控制感,导致不确定性和焦虑增加。到达一个陌生的地方可能会让你置身于新的情境和环境,这会进一步加剧你的困扰。此外,远离了平时的支持系统和基础设施后,你也会担心发生意外,从而加重焦虑。你在度假期间可能

生病或受伤，这种不确定性也可能是焦虑的来源。对于不确定性的持续关注会大大减少你生活中的快乐。它会制造出一种持续的威胁感，让你觉得似乎总有不祥之物潜伏在你身边。

比如，我的病人杰克因为无法容忍不确定性而感到非常疲惫，有时他甚至希望他害怕的事情真的会发生——比如癌症，以结束不确定性带来的长久折磨。以下列举了更多患有焦虑症、与不确定性做斗争的病人的内心感受，进一步展示了不确定性带来的内心痛苦，或许你也有同感。

"即使发生坏事的概率非常小，我还是认为它会发生在我身上。"

"我很难忽视这种微小的概率。"

"我无法容忍这种事有发生的可能，我需要一种保证，100%的确定性。"

"我不想被蒙在鼓里，我需要了解情况，所以我一遍又一遍地检查。"

"我去看了两个医生，因为我想100%确定，走出诊所后我感觉好了一些。但后来我仍然有些不确定，想去看另一个医生。"

"我不知道医生会说些什么，因为害怕听到不好的消息，所以我不打算去看医生。"

"即使这件事发生的概率很低，我还是担心事情会以糟糕的结局收场。"

"不确定性令我感到恐惧和担忧，所以我会坚持待在我熟悉的环境里。"

"我无法随机应变，我不喜欢即兴。"

"我需要知道是谁、在哪里、什么时候、为什么、做什么，还有所有其他的细节。"

"对我来说，一无所知是如此可怕，就好像当我不了解情况的时候，就意味着肯定出了什么问题。"

了解你的不确定性经历

现在你已经了解了不确定性的概念，以及承受力不足时会导致焦虑加剧，如果不予以解决，你是无法康复的。你还深入了解了那些容易受其影响的人的动机、行为和想法。现在我们将继续探讨你的不确定性经历，然后一起寻找解决方法。你可能已经注意到，在本书中，我们非常强调在做出任何改变之前，需要先对事物有一个很好的理解。这个过程增强了你的意识，使你能够识别出你的行为受到不确定性的影响，它使你能够在恰当的时间有效地应用你所需要的策略。因此，让我们开始你的第一个任务，帮助你加深对不确定性经历的理解。

任务27　了解你的不确定性经历

使用以下问题更深入地探究不确定性对你日常生活的影响。解答这些问题时，在你的日记或电子笔记中做些记录。

- 当你对未来可能发生的情况或事件感到不确定时，你会有什么感觉？
- 当你专注于所有可能出错的事情时，你会有什么感觉？
- 你花多少时间思考这些事情？
- 你会采取怎样的方式来处理不确定性？
- 需要控制不确定性是如何影响了你的生活、你的关系，以及你对事物的兴趣的。

● 为了控制不确定性，你所做的事情是如何影响焦虑的持续时间和强度的？你的焦虑是有所改善、恶化，还是保持不变？

在这一节中，我将为你提供一系列策略，帮助你逐渐减少对确定性的需求，增强接受不确定性的能力。

确定性需求的利与弊

在临床工作中，我注意到存在一个共同的模式。患者通常会发现，放下对确定性的需求并非易事，尽管他们也清楚这种需求阻碍了他们的康复。如果你是那种在接受不确定性方面有困难的人，那么请查看任务28。这个特定的任务对我的许多患者来说非常有效，他们通过这个任务克服了对不确定性的抵触情绪，故而能更好地应对不确定性。也许你对焦虑持积极态度，特别是当涉及不确定性时，你会认为焦虑是一种有效的应对机制，可以帮助你避开潜在的负面结果。

有时，不确定性经历可能会给人带来极大的痛苦，以至于你更愿意做出回应和行动，而不是直面它。然而，重要的是要记住，保持这种状态将成为你克服焦虑的障碍。你可能认为自己对不确定性的反应是为最坏情况做打算的一种方式，关注每一个不确定发生的可能性可以避免灾难发生。此外，你可能认为对不确定性的反应为生活提供了可预测性和控制感。你可能不相信还有其他的策略能管理未知，所以你更愿意坚持自己知道的东西。这些模式可能已经成为根深蒂固的习惯，要摆脱它们可能会很困难。通过完成下一个任务，即审视确定性带来的利弊，你将明白不确定性对你当前的行为模式产生了有益的影响。

任务28 确定性需求的利与弊

在你遇到不确定性增加的情况，特别是当你觉得自己的反应方式并不有益时，请思考以下问题。完成这个任务也将帮助你质疑你对不确定性的现有观点。一定要记录下你的回答，可以使用笔记本或电子笔记。

⦿ 对不确定性的反应是否使事情变得更加确定和可预测？

- 对不确定性的反应是否改变了过去发生之事的结果?
- 我对不确定性的反应已经持续了多长时间?
- 如果成功控制了不确定性,我现在应该已经康复了。在我对不确定性做出反应的这段时间里,我的焦虑症状有没有减轻?我的情况有改善吗?
- 对不确定性的反应是否真正解决了我的问题,或者只是暂时缓解了焦虑,让我觉得我对负面事件的控制比实际上要强?
- 当我做一些事情来缓解不确定性时,我短期内和长期内会有什么感觉?
- 不确定性是否让我的大脑充满了焦虑、恐惧、威胁和所有最糟糕的可能性?如果是这样,会让我有什么感觉,它又如何影响我的整体情绪健康?
- 对不确定性的反应会如何使我在心理和情感上的痛苦合理化?
- 确定性在我的未来生活中有哪些利弊?

接受和灵活应对不确定性

在第二章中，我们了解到接受和灵活性在处理焦虑时发挥的关键作用。接受不确定性带来的困扰也是其中重要的组成部分。你应该以理解、善待和开放的态度来接受人类的全部情感。

接受意味着认识到不确定性是生活的一部分，并允许自己在不加评判的情况下体验它可能带来的不适感。通过接受不确定性，你会接纳新的可能性，适应不断变化的环境，并在面对未知时培养内在的平静和韧性。接受涉及承认在你努力改变对不确定性的反应和应对方式时可能会在一段时间内感到不适。通过接受这种暂时的不适，你会从抵触它、尝试消除它和无益的反应中解脱出来，让你有了成长和进步的空间。

如果抗拒经历不确定性，你就会不自觉地在生活中引入更多的不确定性。抗拒不确定性可能会使你越来越难以应对生活中的变化。这种抗拒会让不确定性越发强大，但当你只是允许它存在而不抗拒时，它的影响便会减弱。记住,情绪是自然且无可避免的,它们只是存在于我们内心的一种状态。顺应就是最有效的应对方式。顺应它们意味着不做无谓的抵抗。当你采用这种处理方法时,你会注意到,随着时间的推移,它逐渐消失了。通过接受不确定性并有意选择不被其控制,你重新夺回了自己的力量,有了更长足的进步空间。

那如何做到这一点呢?为了更详细地了解如何运用接受策略,我建议你参考前几章中概述的任务。其中相关度最高的任务有:

● 任务6:我的接纳确认声明。这是一个个性化的提醒,承认焦虑是你体验中自然存在的一部分,你可以秉承善良和理解的态度去拥抱它,允许它存在而不评判或抵制。

● 任务7:感谢你的思维,为故事命名。这有助于对你的大脑表示感激,因为它尝试保护你,并有意识地识别出导致焦虑的叙述或故事,以便你能与它们保持距离。

● 任务22:通过正念观察来拥抱你的情绪。这包括有意识地观察你内在体验的流动,同时不予以评判。

接受不确定性

请记住,接受意味着你只是简单地承认你恐惧不确定性,并观察你的恐惧,承认它的存在,允许它存在,而不是冲动地做出反应。应当学着去接受,花点时间放慢脚步,克制自己下意识的反应,还要注意你内心产生的东西,以及你的感受,停下来,以一种正念和非评判性的方式来处理这一体验,例如:

"我很焦虑,因为我不知道……"

"我发现自己总是通过做……来应对不确定性。"

"我还发现,从长远来看,这只会让我的焦虑持续下去。我想摆脱焦虑,而不是强化它。这是一个克服焦虑的机会,不去理会这种不确定性会令人受益无穷。"

在接受不确定性会带来困扰这一事实后,请试着在应对不确定性时多一点灵活性。既然你已经承认了不确定性会带来困扰,现在是时候灵活应对了。一方面,探索所有可能性,避免重复以往那些已证明对你无效的行为。不灵活的方法包括采取相同的反应模式。另一方面，灵活地应对不确定性涉及利用你的意识来做出更能克服焦虑的选择。通过有意识地考虑你的选择，并有意识地选择你所期望的反应，你就能更有效地应对不确定性。

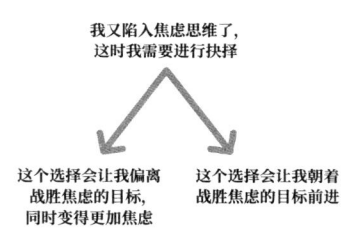

```
            我又陷入焦虑思维了，
            这时我需要进行抉择
                  ↙     ↘
    这个选择会让我偏离      这个选择会让我朝着
    战胜焦虑的目标，        战胜焦虑的目标前进
    同时变得更加焦虑
```

还记得之前提到的这张图吗？你的力量在于你的应对方式。每当你经历不确定性时，你都将不得不做出一个关于如何处理它的选择。你可以选择让自己偏离目标，增加痛苦，加剧焦虑，或者选择承认痛苦的存在，这种接受并不会使焦虑问题恶化，相反，它可以帮助你更接近自己想要的。

你可能会争辩说你不想容忍不确定性的感觉，你认为你不能，或者说这对你来说太难了。但是，如果你继续对抗和回避，情况只会越来越糟。是的，一开始可能会很难，但我向你保证，当你继续为自己努力时，情况会越来越好。这是你改变做事方式的机会，从而使你的生活质量得到长久地提升。

那么，你可以采取什么措施来让自己更加灵活，并做出让你朝着目标前进的选择呢？你可以采用各种策略来增强你对不确定性引起的困扰的承受能力。我再次建议你回顾前几章提出的相关任务。本书中的一些策略相互关联，可应用于不同的焦虑问题。回顾一下第六章中的任务23~26，它们都与灵活性的培养息息相关。

我诊所里的患者也发现，创建一个个性化的自我对话示例对管理和缓解不确定性带来的困扰非常有用。下面是一个示例，你可以根据自己的语气和措辞进行修改。记住，要用一种友善和安慰的语气，就像你对待亲人或孩子一样。

自我对话示例

即使不确定感挥之不去，我也会将注意力转向其他事物，关注一些吸引人且有趣的事物。我的大脑需要从中抽离，休息一下。我的确渴望确定性，但我了解，它不会帮助我变得更好，所以我打算接受它的存在，并观察它的影响，直到它消失。

管理对于不确定性的预测

在焦虑的情况下，未知可能会唤起一种威胁感，进而触发基于不确定性的预测和高估，从而放大威胁性及其严重程度。有效地管理这些预测对于战胜焦虑至关重要。通过有意识地引导这些预测，你可以避免通过不可取的行为来强化它们的有效性，并阻止自己陷入一个由不确定性扭曲了感知和现实的状态。现在让我们来看看患者杰克（我们之前提到过）的案例。

患者案例：杰克的胃癌恐惧

杰克每天都疑心自己会得胃癌，过得胆战心惊。每当他感到胃受了刺激、不舒服时，就会立刻将其与癌症等负面迹象联系在一起。不明原因的胃疼令杰克对自己得了胃癌的事实深信不疑。通过我们的共同努力，杰克逐渐发现，仅仅因为某些事情尚不明朗、无法确定，就假设最坏的情况是非理性的。下面一张图展示了杰克发现自己陷入困境和焦虑的陷阱，以及随后经历的恶性循环。

你是否像杰克一样，因为对某事感到不确定就预期会发生消极的情况？你是否倾向于认为不确定性总会带来坏消息或不利的结果？如果是这样，你并不孤单。许

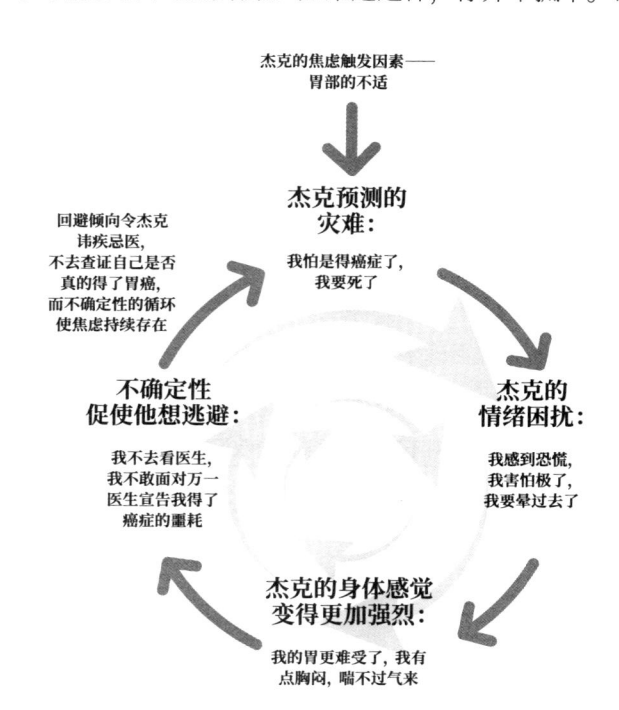

杰克的焦虑触发因素——胃部的不适

↓

杰克预测的灾难：
我怕是得癌症了，我要死了

↓

杰克的情绪困扰：
我感到恐慌，我害怕极了，我要晕过去了

↓

杰克的身体感觉变得更加强烈：
我的胃更难受了，我有点胸闷，喘不过气来

↓

不确定性促使他想逃避：
我不去看医生，我不敢面对万一医生宣告我得了癌症的噩耗

↓

回避倾向令杰克讳疾忌医，不去查证自己是否真的得了胃癌，而不确定性的循环使焦虑持续存在

多焦虑的人往往会陷入这种焦虑和不确定性的恶性循环中。对他们来说,不确定性的感觉常常被视为即将发生灾难的信号。当这种情况发生时,你会感到非常害怕,甚至更加焦虑,恶化的情绪也会放大身体的感觉,就像杰克所经历的那样。

培养有意识地监控你对不确定性做出预测的技巧至关重要。重要的是,要认识到不知道并不意味着会发生负面结果。为了有效监测,你可以简单记录下自己的想法及行为,如下表所示,在其中记下日期、对不确定性的预测,然后稍后核实它是否真的发生了。如果没有发生,就留心实际发生的情况。定期回顾这张表格,看看发生中性甚至积极结果的可能性。这个监控练习的目的是帮助你了解不确定性并不一定会产生负面结果,并培养对不确定性更加中立、客观的看法。

对不确定性预测的自我记录

日期	你的假设或预测	它发生了吗?	相反,是否发生了一些好的或中性的事情?是什么?
7月28日	因为我不确定我的胃究竟是怎么了,所以一定是癌症。	没有	好的——医生说我一切正常。这让我心情放松了不少。

培养应对不确定性的适应力

这一部分将帮助你增强应对不确定性的能力。通过完成这些任务，你将发现不确定性带来的不适只是暂时的，它会过去，你完全有能力去应对它。这些任务非常实用，它也是我最喜欢的任务之一，因为它非常有效，所以我专门设计并以此来帮助你增强应对不确定性的能力。

以下任务将通过个人经历来提升学习效率，帮助你的大脑释放任何不切实际的想法。通过坚持实践这里概述的技巧，可以加强你对不确定性的适应能力，并在更短的时间内取得进步。这些任务的策略侧重于教会你的大脑如何应对不确定性，其中便包括改变你的反应方式，减少试图消除或控制不确定性的努力。这项技巧需要有意识地接受越来越多的不确定性，以增强你的适应能力。

如果不确定性让你对参与本章中的任何练习有所犹豫，这也是可以理解的，尤其是当它已成为你的思维定式时。你可能会对尝试这些策略感到有些担忧，但请记住，我们的目的是为你提供处理不确定性的工具，让你接受它带来的不适，并提升承受能力。通过逐渐接受这种不适，你会发现不确定性是可以忍受的，从而改善你的焦虑情绪。这种方法的转变将防止焦虑问题继续恶化，使你更接近战胜焦虑的目标。

患者案例：奥利弗与不确定性的抗争

我的患者奥利弗有健康焦虑，他不仅在身体健康方面寻求绝对的确定性，而且在生活的其他方面也是如此。为了掌控自己的健康状况，奥利弗会反复就医，多次进行身体检查，并上网查阅大量资料。

此外，奥利弗在日常生活中也表现出对不确定性的回避，他会避开陌生环境、严格遵循日常生活习惯，偏好前往熟悉的地方，包括开车时选择相同的路线。有时候，人们可能会因特定需求而对日常生活和安排产生偏好。这种偏好可能是自然而然的，通常情况下问题不大。但当这种偏好被焦虑所驱使时，就会产生问题，致使人们为了控制或消除不确定性而做出习惯性行为。

为了解决应对不确定性方面的问题，奥利弗执行了下面概述的任务。他从阶段1开始就致力于解决他的一般不确定性，然后是阶段2与健康焦虑相关的不确定性。在奥利弗的案例中，阶段1涉及通过增强他对日常不确定性的承受能力来建立信心。这个初始阶段侧重于解决一些较小的不确定性，而非他在健康方面所经历的那种具有挑战性和排斥情绪的不确定性。通过从较小的不确定性开始，奥利弗可以建立信心，并练习必要的技巧以巩固和改进它们，然后再处理更高级别的不确定性。

以下是另一种帮助你理解如何提高对不确定性的承受能力，并避免陷入焦虑情绪的方式。想象一下想要查看手机的冲动，这是我们许多人在一天中都会经历的事情。与其立即拿起手机，不如试着抑制这种冲动，只观察出现的想法和感觉，而不做任何反应。通过这种练习，你将训练你的大脑理解这种冲动会过去，你不必立即采取行动。

随着不断地练习，你会察觉到这种冲动会逐渐消退并失去影响力。这些练习连同本章节中的其他内容，将增强你对不确定性的承受能力。随着时间的推移，你会逐渐习惯接受并理解并不是所有事情都需要立即做出反应或解决，也就是说，与不确定性带来的不适共处也是可以的。

我已经列出了一些阶段，并提供了详细的解释，以帮助你处理好不确定性。

阶段1　处理一般的不确定性

第一阶段侧重于那些可能与你主要的焦虑问题没有直接联系，但仍然存在一定的不确定性而引发的焦虑感不强。通过这些特定的目标，你将有机会练习并提升对不确定性的承受能力。你还将在接受和拥抱不确定性上获得信心，以便为第二阶段奠定坚实的基础。在第一阶段，你会有意让自己接触日常生活中一些简单的不确定性。你将获得20个建议来探索不确定性。虽然这些建议看似简单，但它们会唤起不确定性。你不必完全遵循这些建议，你可以自由地调整这些建议或提出类似的建议，以引发类似的不确定感。

任务29 探索一般的不确定性

以下是探索和接触一般的不确定性的20个建议。

1. 阅读一本作者未知或新类型的书籍。

2. 故意改变你的日常作息安排。

3. 尝试一些完全随意的事情,比如改变你活动的顺序,尝试一种新的音乐类型,或者玩一个不熟悉的游戏。

4. 尝试一勺你从未尝试过的食物,或者购买一种你没吃过的水果。

5. 尝试吃一个亲人给你的没有标签的食物,或者尝试蒙着眼睛品尝食物。

6. 在开车时选择不同的路线,或者尝试使用不同的交通工具。

7. 参观一个新的地方或者探索一个不熟悉的地方。

8. 参加一个你通常不会考虑的活动。

9. 让别人为你计划和组织一次外出活动。

10. 去一个你平常不会去的超市购物。

11. 在事先不了解的情况下观看一部电影。

12. 在陌生的咖啡馆或者餐厅用餐。

13. 尝试一个人外出用餐。

14. 尝试一个你以前从未尝试过的新爱好。

15. 尝试一个新的发型或者穿一身不同的服装。

16. 临时去附近的一个城镇或者城市里待一天。

17. 探索一种新的锻炼方式，或者尝试一个健身课的试听课程。

18. 使用你以前从未使用过的食材做一顿饭。

19. 参加一个你不太了解的主题研讨会或者课程。

20. 庆祝具有异国风情的传统节日或者文化活动。

从我提供的清单或者你自己的想法中选择一系列活动，从容易的开始，然后逐渐挑战更困难的活动。首先集中精力在易于实施的日常活动上，可以经常重复这一活动。在完成每个活动后，反思一下你对于不确定性的承受能力，并观察随着时间的推移，你的承受能力是如何变化的。使用一个表格来追踪你的进展，类似下面的示例。如果需要多次尝试才能逐渐适应不确定性，请不要灰心，这是正常的。坚持执行这些任务，直到不确定性不再令你感到烦恼。日常活动将以最有效和可持续的方式将你暴露在不确定性的环境中，帮助你随着时间的推移提升自己的承受能力。清单中的一些活动需要调动更多资源和更周密的计划，它们可以作为你未来可能要尝试的活动的灵感。当你对不确定性有了更强的承受能力时，你就可以利用这个机会来体验这些活动。

这份表格的目的是在你做任务时跟踪和记录不适感的变化，并观察随着时间的推移，任务是如何变简单的。它将你的进步可视化，强调了反复体验不适会给生活带来的积极影响。

试想一个决定去当地的三家超市购物的人。请记住，你有选择最适合你的活动的自由，选择超市不是一个强制性的任务。这个例子只是演示如何记录和评估你的进步。在另一个例子中，有人用各种未知食物进行了盲品测试，每次尝试都选择不同的食物——根据当天可以得到的食材而定。同样，你无须去品尝食物，如果你选择参与，也不需要特意花钱购买什么。你可以优先使用手头有的食材，以避免浪费。

不适感变化的自我记录

练习容忍不确定性的任务	按0到10的不适程度评分，10代表最高程度的不适
去三家超市购物	尝试1(超市A) - 6/10 尝试2(超市B) - 6/10 尝试3(超市C) - 5/10 尝试4(超市A) - 3/10 尝试5(超市B) - 2/10 尝试6(超市C) - 2/10 尝试7(超市A) - 0/10
戴眼罩尝试一种未知食物，每次只吃一勺，品尝之前不知道你吃的是什么食物	尝试1 - 7/10 尝试2 - 6/10 尝试3 - 4/10 尝试4 - 2/10 尝试5 - 0/10

阶段2　解决与焦虑相关的不确定性

当你完成了最初阶段的活动，重点就来到了着手解决焦虑问题特有的不确定性。不要拖延，也不要犹豫，这样你才能继续进步。在计划本阶段要完成的任务之前，我建议你通读本节内容。

焦虑症患者通常会采用一些方法来处理不确定性问

题。你也可能已使用这些应对机制，交替使用这些方法，或者在不同的时间使用不同的方法。依靠这些行动来应对痛苦不仅会加剧焦虑问题，还会导致不确定性麻痹，这种状态通常伴随着强烈的焦虑和不适感，阻碍你采取建设性的行动。从长远来看，依靠这些方法来处理不确定性是无法战胜焦虑的。为控制、消除或尽量减少不确定性体验，人们常常会采取以下几种行为。当你复习这些例子时，留心任何能引起你共鸣的行为。请记住，此列表并非详尽无遗，因此，如果有其他适用于你的操作，请试一试。

- 常见的不确定性控制行为。
- 过度规划，过度准备。
- 不断寻找信息或答案以消除不确定性。
- 避免接触到不确定的情况和信息，或者沉溺于不健康的消遣活动。
- 当对不确定性感到不适时，冲动之下贸然做出反应。
- 反复提问。
- 不断寻求安慰。
- 花费大量时间在互联网上搜索信息。

- 获取的信息远超实际所需。
- 反复检查事物。
- 想象所有未来可能发生的情景。
- 在做决定时拖延。
- 刻板固执,一成不变。
- 做一些多余的事情。

接下来,我们将介绍6个具体步骤,以解决与焦虑问题相关的不确定性。我们将在整个过程中使用一个统一的示例来引导你了解每个步骤。

1. 确定你用来处理不确定感的行为

你会做些什么来让自己感到更加确定?请参考上述控制不确定性的行为清单中的示例。以下是与心脏健康焦虑相关的示例:

——不断向伴侣寻求安慰。

——反复、多次地检查心率,比如每小时检查一次。

——在网上花费数小时查找与心脏健康相关的信息。

2. 根据焦虑程度对这些行为进行排序

为了成功应对不确定性,最好从小挑战开始,逐渐建立信心,然后再进行下一个任务。我们希望达成一种平衡——任务既不会太让人喘不过气或令人泄气，同时又能让你有所进步。看看你在上一步中创建的清单，并按照难度从最简单的任务开始，把最具挑战性的任务排在后面。为列表中的每个行为打一个分数（从1到10），其中1表示不确定性会带来最低水平的困扰，而10则表示最高水平的困扰。该分数表明如果你抗拒采取该行为，你预期会体验到的困扰或焦虑水平。此外，你还可以将这些行为从最低到最高进行排序。例如：

——在网上花费数小时查找与心脏健康相关的信息，6/10。

——不断向伴侣寻求安慰，8/10。

——反复、多次地检查心率，比如每小时检查一次心率，10/10。

3. 预测每个行为，从得分最低的开始

这个任务的目的是评估你承受不确定性的能力，并表明对抗你的典型反应并不会导致灾难性后果。你将为排名中的每个行为执行该任务，从排名最低的开始，然后逐步转向排名最高的行为。这意味着在每一轮中，你都将根据手头的具体行为进行新的预测。

在我们的例子中，得分最低的行为是：

如果不在网上花费数小时查找与心脏健康相关的信息，我可能就不会注意到这个症状，可能会漏掉一些重要的信息。但如果我这样做了，就可能会心脏病发作并死掉。

现在，你得用百分比去衡量你对不确定性的预测的信念强度，比如90%。

4. 应对不确定性的新模式

这一阶段的重点是避免采取通常用于对抗不确定感的行为。在我们讨论的例子中，人们通常会花费数小时在网上查找信息以消除不确定感。新的方法可能意味着逐渐减少此类操作的频率（例如从每天两次开始），并将每次的持续时间限制在10分钟以内。随后，可以将频率减少到每天一次，持续5分钟，然后逐步过渡到隔一天一次、三天一次、每周一次的网上调查，最终完全停止该行为。你会反复这个过程，直到你对不确定性的不适感明显减轻，并且认为你的预测在客观上的可信度将降至10%，甚至是零。通过这一过程你会变得更加坚韧，并逐渐增强对不确定性的承受能力。

实践——进行记录和评估你预测的准确性——之所以有用，有三个原因：

首先，它能让你客观评估结果，并挑战与不确定性相关的任何扭曲信念或夸大的恐惧。

其次，它能够提供你容忍不确定性的具体证据，并表明你不再依赖于通常的应对方式也不会导致灾难性后果。

最后，随着你看到不适感减轻和在管理不确定性方面的信心增强，它可以帮助你随着时间的推移跟踪你的进展，提供动力并强化信心。还是这个例子，我将向你展示如何记录下你的体验，例如你可以选择使用下面的表格，或以最适合的方式做笔记。

预测：如果不在网上花费数小时查找与心脏健康相关的信息，我可能就会忽略症状并错过一些重要的信息。但如果我这样做了，我可能因心脏病发作而死。

在运用了新的反应模式后，对预测的最初确信程度是90%。

在接受所有这些新的反应模式后，对预测的最终确信程度降至5%。

5. 回顾你的实践进展

这是我们的回顾阶段。当完成针对每个目标行为的实践后,回顾你的进展以承认你的认知变化并强化学习过程是非常重要的。此回顾在减轻你对控制不确定性行为的依赖程度方面起着关键作用。在回顾时思考以下问题:

- 结果如何?你的预测准确吗?
- 尽管感到不确定,结果是否令人满意?

处理不确定性的自我观察记录

新的不确定性反应	通过对抗不确定性并做出新的反应,心脏病是否发作?	通过接受新的反应、拥抱不确定性后对预测想法的确信程度
将网上调查的频率减少到一天两次,每次只有10分钟	否	70%
将网上调查的频率减少到一天两次,每次只有5分钟	否	60%
将网上调查的频率减少到一天一次,每次只有5分钟	否	50%
将网上调查的频率减少到隔天一次	否	20%

续 表

新的不确定性反应	通过对抗不确定性并做出新的反应，心脏病是否发作？	通过接受新的反应、拥抱不确定性后对预测想法的确信程度
将网上调查的频率减少到每三天一次	否	10%
将网上调查的频率减少到一周一次	否	5%
完全停止上网搜查	否	5%

- 存在严重威胁吗？
- 在练习的过程中，你感觉如何？是不是像预期的那样具有挑战性，还是比预期的要容易？
- 在继续练习后，你注意到了什么？
- 你通常会怎样应对不确定性？这种行为是必要的吗？

你对于处理不确定性的能力有了什么新的认识？

6. 重复、坚持并继续前进！

如果你能运用娴熟的技巧应对不确定性并观察结果，就可以继续尝试列表中的下一个行为了，直到你解决在第一阶段中发现的所有行为。通过持续的练习，你对不确定性的承受能力将明显提高，随着时间的推移,你会越来越得心应手。

我为你提供了一个完整的示例,重点是因心脏健康焦虑而进行的在线研究行为。然而,值得注意的是,个体的焦虑问题不一、性情各异,应对策略也多种多样,他们可能会采取不同的行为来应对不确定性。下面提供了一些人常用来应对不确定性困扰的方法,以及解决这些问题的思路。虽然你可能会与其中的一些行为产生共鸣,但你也可能会采取其他方法。

应对不确定性时,如何避免以下这些常见行为。

1. 过度规划:设定限制,减少在规划上花费的时间,限制寻找信息的数量以满足你对确定性的需求。这些限制可以是时间限制,也可以是信息来源的限制。

2. 反复询问:在为期两天的时间内记录你提问的频率,然后逐渐减少并消除这种行为。

3. 过度寻求安心感:限制频率,也许是在一天的特定时间间隔内进行搜索或者尝试每隔一天搜索一次。当你产生搜索冲动时，尝试延迟做出反应。开始时延迟10分钟，然后逐步延长延迟时间，比如20分钟、30分钟，直到最终延迟1小时。继续逐步延长时间。

4. 花费大量时间在互联网上进行搜索：设定时间间隔和持续时间的限制。也可以使用特定的应用程序帮助监控这种行为。

5. 反复检查事物：设定限制并逐步减少对其的依赖。

6. 寻求意见或认可：限制询问的次数。如果你通常会向五个人请教，那么请减少到四个，逐渐减少到只询问一到两个人，同时减少询问的频率。

逐渐让自己接触之前因不确定性而回避的情况，从较为温和的情境开始，然后渐渐转向更具挑战性的情境。

你对不确定性的抗拒越强烈，练习本章策略就越重要。如果需要的话，你可以养成习惯，每天都勤于练习。虽然一开始可能会遇到一些挑战，但很快你就会意识到，相比追求确定性，完成这一任务需要的时间和精力要少得多。随着承受能力的提升，你会发现自己可以克服不确定性带来的问题，也越来越能应对未知的情况。你会发现，你并不需要绝对的确切答案才能感到满足，因为它们本身就是难以获得的。这个过程将使你摆脱因不确定性而引发的痛苦，摆脱焦虑的束缚。

拓展你的不确定性管理工具包

除了本章讨论的策略之外，我鼓励你重温一下早期的练习，以完善你的不确定性管理工具包。通过这些早期的练习，你不仅能够拓展工具包以解决不确定性和焦虑问题，还能加强在特定领域的技巧。通过实践，你可以熟练地运用我提供的技巧，并变得更加自信。有几个早期的任务是与克服不确定性相关的，你的选择将取决于你面对的具体情况。回顾第三章的任务，可以在你因不确定性而感到焦虑时平衡你的神经系统。重新审视第四章的任务，将帮助你处理与不确定性相关的焦虑想法。第五章提供了宝贵的技巧，将你的注意力从与不确定性相关的触发因素上移开，切入一个更加平衡和客观的视角。放眼不确定性之外的事物也可以减轻过度警觉的症状，让你感受到一种内心的宁静。

处理不确定性的 10 个要点

1. 认识到不确定性引发的困扰对你的整体健康和焦虑问题的影响。

2. 接纳不确定性是生活中不可避免的一部分，并将焦点转向增强你对它的承受能力。

3. 理解对不确定性的低承受能力如何导致你对不确定性和焦虑的容忍能力的削弱。

4. 承认采取无用行为来控制不确定性虽然会得到暂时的缓解，但从长远来看，会持续加剧焦虑。承诺你会打破这些模式。

5. 检查你应对不确定性的动机，看看它们是否不能减轻焦虑，探索更健康的方法来克服这种困境。

6. 接受在生活中无法获得绝对的确定性这个事

实，并努力培养在不确定性中生活的能力，而不让它对你的心理健康产生重大影响。

7. 认识到你可以控制自己选择如何应对和处理不确定性，从而增强自我力量。

8. 努力增加你对于容忍不确定性的接受度，采用本章描述的策略。努力去理解、接受并灵活地应对你的不确定性经历。

9. 接受经验主义学习作为解决不确定性困难的有效方法。参与更多日常活动，帮助你培养更好的容忍力，并减少不确定性触发因素。

10. 持续练习并挑战自己去容忍与你的焦虑问题相关的不确定性。随着容忍力的提升，你也会注意到焦虑症状的减轻。

冷静地倒数！

从一个较大的数字开始倒数，比如从5000到500，倒数可以有效地让你的注意力远离焦虑想法。通过专心数数，你的大脑得以休息一段时间，不再沉浸于担忧幻想出来的未来灾难。当你倒数时，会消耗一些大脑精力，这意味着那些浪费在焦虑带来的狂躁想法上的精力减少。倒数也有助于调节你的呼吸。倒数每个数字时，与呼吸节奏相协调，这种缓慢的深呼吸会让你感到更放松。

第八章

如何面对自身的恐惧

回避和安全行为在持续焦虑中起着重要的作用，并且是战胜焦虑的焦点。回避涉及与你害怕的负面结果相关联的情境、想法、画面或触发因素。例如，你可能会因为害怕得到令人沮丧的诊断而避免去看医生，或者你可能会因为害怕被拒绝而避免参加社交聚会。安全行为是一种微妙的回避形式，你会相信这些行为会保护你免受潜在危害。回避和安全行为都是为了减轻你最害怕的事情所伴随的痛苦。然而，这种行为会加重焦虑，因为它们提供了暂时的缓解，同时也阻止了你面对恐惧并学会忍受引起焦虑的情境。这会导致你相信这些情况确实是危险的，你无法应对它们；它会加剧焦虑，限制你的生活体验。

在这一章中，我们将仔细研究回避和安全行为的概念，帮助你全面理解这些行为对焦虑的影响。然后，我们将探讨直面恐惧以减少并最终消除回避和安全行为的实用策略。我来分享我的患者伊茜的经历，说明安全行为和回避在加重焦虑方面的有害影响。

患者案例：伊茜的回避行为

我接触过许多患者，他们的世界逐渐变得狭小，有些甚至因为安全行为和回避而宅在家里无法外出。比如，伊茜因害怕在公共场所惊恐症发作而产生了严重焦虑。一年前，她在拥挤的地方购物时惊恐症发作，让她感到十分困扰，她坚信自己是心脏病发作。在她的描述中，她被恐惧的旋风吞噬，即将降临的厄运让她窒息。这种情境持续存在于她的想法中。为了防止未来惊恐症发作，伊茜依赖于安全行为，比如避免引发相关情境、寻求安慰、通过游戏应用分散注意力、随身携带幸运物品和规划逃生路线。然而，这些行为只会加剧她的恐惧，逐渐将她与外界隔离开来，让她无法安心地离开家。伊茜通过摆脱对安全行为和回避等焦虑处理机制的依赖，重新获得了对生活的掌控感，并找回了正常生活的感觉。她迈向进步的旅程，源自其减少安全行为、消除回避和直面眼前恐惧的决心。

什么是回避

回避是一种应对策略,目的是避免预期会产生的负面结果或不愉快感受的情境。回避会使人远离那些自己相信会发生糟糕事情的情境。

回避的另一个目的是避免面对与你担心的结果相关的不愉快的感受或想法。回避情境会暂时减轻焦虑,使你相信你成功地消除了自己面对的风险。例如,一个对公开演讲感到焦虑的人在演讲当天请病假可能会暂时感到放松。通过回避情境,他们的自信心进一步受挫,延续了回避循环,强化了他们无法参与公开演讲的想法。他们变得越来越回避,焦虑也越来越严重。焦虑问题会加剧回避行为。你的焦虑设法使你免受令人痛苦的内心想象,敦促你逃避或回避可能触发你最糟糕的想法和感受的情境。避免那些最糟糕的想法可能成真、最糟糕的感受可能浮现的情境,使你的焦虑成为自己关注的焦点。依赖回避的人往往会接受而不会质疑他们的看法,因为他们最终得到了宽慰,认为正是回避才没有发生不好的结果。这种宽慰加剧了他们对回避的依赖，使其认为这是消除或控制风险的唯一方法。

回避不仅会强化你对最糟糕情况的焦虑看法，还会加重沉思倾向。通过参与回避行为和减少活动，你为沉思的扎根提供了更多的时间和机会。随着思考的深入，焦虑也会加剧。因此，你的世界开始变得狭小。当大脑习惯性地回避时，往往会将回避扩展到生活的各个方面，逐渐使一个人变成了模糊的影子。虽然这种影响的程度因人而异，但几乎所有焦虑症患者的生活中都存在这种情况。

回避就像把灰尘扫到地毯下面一样：它让你觉得你已经清理了心灵和身体中的所有困难和挣扎；但焦虑仍然潜伏在干净的表面之下，每当你出现回避行为时，焦虑的灰尘会不断累积，最终成为一个巨大的障碍，阻碍你走出困境。认识到这一幻觉、理解面对恐惧是摆脱焦虑的途径至关重要。为了进一步说明这一点，让我们看另一个临床案例。

这个示意图说明了萨拉的回避行为如何导致她焦虑情况恶化。她出现了更频繁和更剧烈的情绪波动，进一步强化了她对回避行为是唯一应对恐惧的方式的看法。

随着时间的推移，这种回避行为模式导致更明显的焦虑发作，加剧了她感知恐惧的程度。

患者案例：萨拉的回避行为

萨拉感到一种强烈的恐惧，她在自己的身体上发现一个肿块，并坚信这是罹患癌症的明确迹象。在得知他人被诊断出癌症后，这种恐惧占据了她的心头，让她相信同样的事情也会发生在自己身上，尽管没有任何症状或支持性的证据。因此，萨拉积极地避免可能会导致她发现肿块的情境，比如跳过定期检查，避免照镜子和自我检查，不咨询医生或参加健康检查。仅仅想到可能会发现一个肿块，就会让萨拉面对难以应对的恐惧，因为她坚信这肯定是癌症的症状，并将导致其死亡。这种恐惧令她六神无主，驱使她回避任何可能使她面对发现肿块的活动。尽管暂时会带来一些安慰，但她的回避行为却使她深信身体里肿块的存在。因此，她的焦虑继续恶化。

当萨拉回避触发情境时，她会立即感到安心。但下一次，她的焦虑程度会进一步加剧。

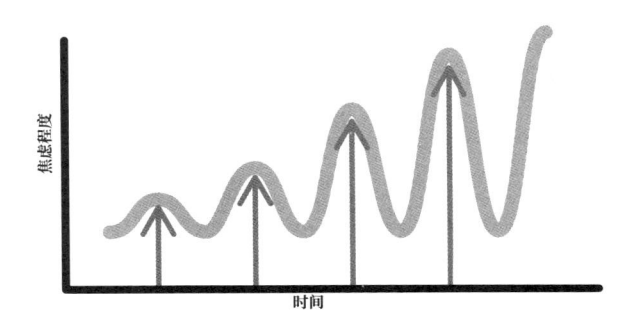

在我们继续讨论安全行为之前,请花些时间反思一下你的回避模式。你可以通过回答以下问题来帮助你。在回答问题时,可以在你的日志或电子笔记中做一些记录,随时保留它们,因为它们将成为我们在本章后期探讨面对自身恐惧这一议题时所做事情的基础。

任务30 识别你的回避行为

1. 你倾向于避免哪些情境?
2. 你尝试避免哪些具体的想法?
3. 你尝试避免哪些情绪或生理反应?
4. 你为什么觉得这些回避行为有帮助?它们提供了哪些好处帮助你缓解压力?

5. 如果停止这些回避行为,你担心会发生什么?

6. 你是否注意到在你采取回避行为后,无论是短期还是长期,你的感受都存在某种模式?

什么是安全行为

安全行为是指一个人在认为某些情境具有威胁或危险时,为了减轻困扰而采取的行动或想法。安全行为被用作一种应对机制。和回避一样,它们可能会在一段时间内暂时减轻焦虑,但最终会加剧和维持潜在的焦虑问题。这是因为患者从未有机会了解到他们最初认为的威胁并没有那么可怕,因为他们从未在没有安全行为的情况下完全体验过这种情况。安全行为可以以各种形式出现,具体取决于特定的焦虑问题。以下是一些例子:

社交焦虑:
- 在社交互动中避免与人进行眼神接触。
- 提前准备和排练对话,以增强自信心。
- 在社交场合前摄入酒精或药物,以减轻焦虑感。

广泛性焦虑：

● 携带特定物品，如幸运符或安慰物品，以减轻焦虑。

● 穿着特定的服装或配饰，给予安全感或安慰。

健康焦虑：

● 寻求他人的持续安慰，如反复寻求医学意见或在网上搜索症状。

● 避免触发与健康相关的恐惧的情境或活动，如避免去医院或进行医疗预约。

● 进行过度检查的行为，如频繁监测体感或进行重复的自我检查。

惊恐症：

● 限制身体活动，以避免引发心率增加、呼吸急促或出汗等生理反应。

● 采取受控或浅表呼吸模式，以调节呼吸，减少与惊恐相关的感觉。

人们会使用上述及其他方法来防止他们最糟糕的恐惧成为现实，他们也会使用这些方法来减轻在触发情境中感受到的痛苦强度。通常人们更倾向于完全回避引起焦虑的情境，但当他们无法完全回避某种情境时，他们会使用安全行为作为一种更隐蔽的方式来避免充分体验这种情境。安全行为可能是对威胁感知的合乎逻辑的反应，但它们实际上是战胜焦虑的巨大障碍。

参与这些行为就像坐在摇椅上不停地前后摆动，这让你觉得自己在做一些有益的事情，但实际上你并没有取得任何进展。这些动作和摇摆可能会让你获得掌控感和舒适感，但归根结底，它对于战胜焦虑并不具有实质性的帮助。要取得有意义的进展，非常重要的一点是你要离开摇椅，开始朝着更加建设性的方向前进。本章中，我将分享一些策略，帮助你做到这一点。

前面提到的安全行为的例子只是人们可能用来应对焦虑的众多行为中的一小部分。安全行为是高度个性化的，每个人都会有自己独特的行为。行为的特质本身并不像其使用背后的根本原因那样重要。这一区别至关重要，因为有时人们可能会在没有焦虑的情况下采取相同的行为。例如，一个人倚靠着墙可能是因为疲倦，而不是为了防止发生晕厥恐惧症。同样地，在电影院坐在靠近出口的位置可能是因为迫切需要及时离开，而不是害怕被困住。问题并不在于行为本身，而在于它被用于何种目的。我经常问我的患者："如果你不能或不被允许采取这种行为，你会感到焦虑吗？"如果他们的答案是"是"，那很可能就是一种安全行为；而如果他们可以轻松地改变或停止这种行为而不感到焦虑，那么它可能并非安全行为。这个问题可以帮助识别个人的安全行为，尽管也可能存在例外情况。

以下是一些示例，展示了常见安全行为背后的目的。

避免负面结果的常见安全行为

安全行为	采取原因
参与社交场合但选择保持沉默。	如果我说话，我可能会因为说了些愚蠢的话而尴尬，会被拒绝。
提前到达课堂/会场。	如果我迟到，所有人都会看着我走进来，我可能会摔倒、脸红或尴尬。

续　表

安全行为	采取原因
尝试以特定的方式呼吸。	如果我不这样呼吸,我就不会获得足够的氧气,这可能很危险。
进行自我检查、检查物品。 使用医疗设备和测试。 用智能手表监测自己的重要器官。	如果我不检查,我可能会错过一些严重的事情,我可能会身体不适或死亡。
向他人寻求安慰,或查找信息。	如果我不一直询问别人,他们是否认为我没事,我可能会死。
坐下或躺下超过需要的时间。 避免过度运动。 避免体力消耗。	如果我移动太频繁,会提高心率,可能导致惊恐症发作,甚至引发心脏病。
寻找出口并坐在出口附近。	如果我不坐在出口附近,万一发生紧急情况,我将无法迅速离开。如果我病倒了,医疗服务人员将无法找到我。
依靠持续转移注意力的方法,如使电视或收音机保持打开状态,以逃避想法、情绪或身体上的感觉。	如果我太在意自己正在经历的事情,不好的事情将会发生。
一直有人陪伴着你出门。	如果我一个人去,可能会有不好的事情发生在我身上,没有人帮我。
携带幸运符或其他物品。	如果我没带着我的幸运/特殊物品,会有不好的事情发生。
坚持去熟悉的地方和见熟悉的人。	去新地方充满不可预测性,不安全、糟糕的事情会发生在我身上,我将无法应对。

这些都是安全行为的例子，目的是避免负面结果发生。这些负面结果通常涉及避免死亡、疾病、羞辱、拒绝、尴尬、不可预测性或不同程度的危害。

"害怕招来厄运"是一种安全行为

"害怕招来厄运"是另一个属于安全行为范畴的概念，我的许多患者都在与之斗争。它与一些迷信的动作或仪式有关，以防止不利结果发生。你会进行一些迷信的做法，比如摸木头，或者坚信积极或中立的情况可能会使它们变得负面。因此，你故意抵制以积极、中立、真实的视角看待事物，选择保持悲观的心态。这就好像你相信这样做可以使你免受不利结果的影响。但这些行为并没有基于理性的证据或对结果的实际掌控，而是基于主观的控制和减少焦虑或不确定性产生的想法。

你的想法和反应对于影响或控制事件或结果没有任何作用。在感到不那么焦虑、接受积极的一面和招致厄运之间没有逻辑联系。害怕自己招来厄运是焦虑的直接后果。请反思一下，如果你不焦虑，你是否会出现这些想法？担心招来厄运是另一种应对焦虑的反应策略，它在你感到无助的情况下提供了一种虚假的控制感。你可以将其视为一种控制焦虑的尝试。重要的是要认识到，没有任何看不见的力量在等着惩罚你，因为你不再感到焦虑或享受生活。如果你在担心招来厄运方面有困难，可以使用本章提供的策略来解决问题；同时你可能也会发现，回顾第四章关于招来厄运的部分和第七章关于提高处理不确定性能力的策略会有所帮助。

无论具体的安全行为是什么，当你使用它并安然无恙地走出某种情况时，你都会将积极的结果归功于安全行为本身，从而强化并持续使用安全行为。其中的主要问题在于，它使人们不会承认与接受那些被预测和担忧的灾难实际发生的罕见性。随着时间的推移，你对自己应对能力的信心会减弱，安全行为的范围会扩大，依赖这些行为的欲望也会增加，焦虑将会加剧。下面的图表展示了另一位名叫凯蒂的患者，她只有在有朋友陪伴的情况下才愿意外出。

正如你从表中可以看到的那样，凯蒂通过她的安全行为得到了暂时的缓解，这导致她反复依赖它。这也促成了一个不断加剧焦虑和回避的循环，强化了凯蒂的焦虑想法并削弱了她的信心。你能否在自己的经历中找到类似的模式？

这一循环不断持续，形成恶性循环，其中的想法将变得更加令人信服，焦虑也变得更加严重。这些想法对你产生了更强烈的掌控，加剧了你对安全的渴望，并导致你再次实施安全行为。这种重复进一步巩固了这一循环，一遍又一遍地延续着这个模式。

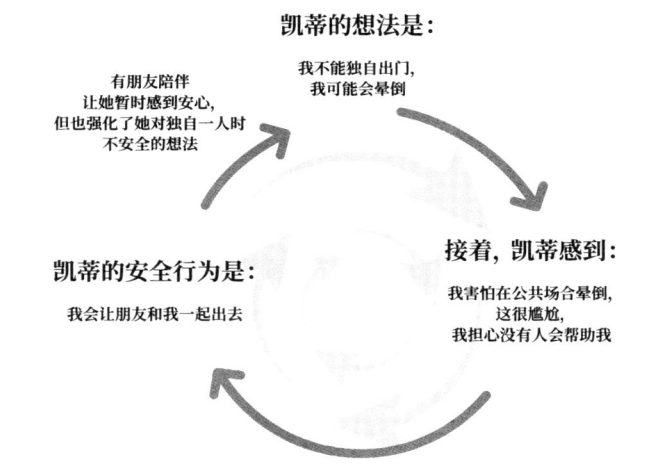

凯蒂的想法是：

我不能独自出门，我可能会晕倒

有朋友陪伴让她暂时感到安心，但也强化了她对独自一人时不安全的想法

接着，凯蒂感到：

我害怕在公共场合晕倒，这很尴尬，我担心没有人会帮助我

凯蒂的安全行为是：

我会让朋友和我一起出去

在我们继续讨论应对回避和安全行为的策略之前，了解自己的情况非常重要。这将为我们后续的实践工作铺平道路。为了促进这个过程，以下是一些你可以考虑和反思的问题，以收集有关自身安全行为的更多信息。

任务31　识别你的安全行为

1. 你依赖哪些安全行为？

2. 你使用了多少个安全行为？

3. 对于每个安全行为，请注意，你认为它会使你免受什么伤害。

4. 如果你停止使用这些安全行为，你担心可能会发生什么后果？

5. 你使用这些安全行为有多长时间了？

6. 在你使用这些安全行为的这段时间里，你的焦虑状况是有所改善还是恶化？

7. 在使用安全行为来应对焦虑时，你对短期和长期的感受有什么发现？

短期缓解阻止了焦虑在长期内的减轻，面对恐惧是应对这个问题的最佳方式之一。

面对恐惧

面对恐惧意味着放下安全行为，消除回避，使你能够重新获得曾经拥有的自由，从而追求对你而言真正重要的事物。治愈源自直面那些你尝试回避的事物，它们具有引导你在康复的道路上前进的力量。

我相信你一定听说过，面对恐惧是克服它们的关键。虽然这是正确的，但要承认面对恐惧需要一个深思熟虑的方法。这需要一个逐渐、周密规划、谨慎执行和恰当审查的过程，需要保持动力。当你采取这种方法时，你会注意到你的焦虑水平自然会降低，有时甚至可以以较快的速度发生。

面对恐惧是一项挑战，但由于你在前几章中掌握了一系列策略，你现在已经做好了准备。当你使自己暴露于恐惧时，经受暂时的焦虑是正常的。在你已经建立和实践的策略基础上（这些策略包括管理神经系统压力、处理焦虑的想法、引导注

_{意力、处理不确定性和应对情绪困扰）}，你已经做好了驾驭面对恐惧的最初挑战的充分准备。这些策略为你提供了必要的工具，让你充满信心和韧性去应对引起焦虑的情境。通过使用这些技巧，你将能够面对恐惧，逐渐减轻焦虑，同时培养出一种控制和自主感。通过遵循面对恐惧的适当步骤，你会减轻焦虑，减少不确定感，转变焦虑想法。随着你坚持面对恐惧、放下回避和安全行为，焦虑会自然减少。面对恐惧，让你的大脑自然地重新评估和挑战导致焦虑的看法。通过面对恐惧，你逐渐会发现你预期的负面结果或威胁并不像自己曾经想象得那样严重或可能发生。这个过程有助于重新调整你的大脑对焦虑的反应，从而随着时间的推移减轻整体焦虑水平。此外，你会获得对那些曾经引发焦虑的情况更强的掌控感。这种新获得的控制感注入了信心，减少了对安全行为的需求，因为你意识到你有能力去处理和应对挑战。

面对恐惧不仅是参与害怕的活动，还包括直面与那种情境相关的想法、形象、情绪和生理反应。在没有结构化方法的情况下直接暴露于恐惧可能会让人不知所措且效果不佳。这就是为什么我在这里为你提供一个全面

的自助计划，它将为你提供必要的策略，以使你有效地面对自身恐惧，并充满信心地应对这个过程。

你需要理解在不依赖回避和安全行为的情况下直面恐惧所具有的疗愈价值，这一点至关重要。下图说明了尽管一些触发条件可能会引起焦虑，但你对这些触发条件的反应是可以控制的。当你选择回避和安全行为时，它会使痛苦持续下去，并维持焦虑的循环。而通往自由之路恰在于向前迈进、摆脱这个循环。通过有意识地直面恐惧，避免采取回避和安全行为，你会使自己获得战胜焦虑的力量，并朝着目标取得显著的进展。

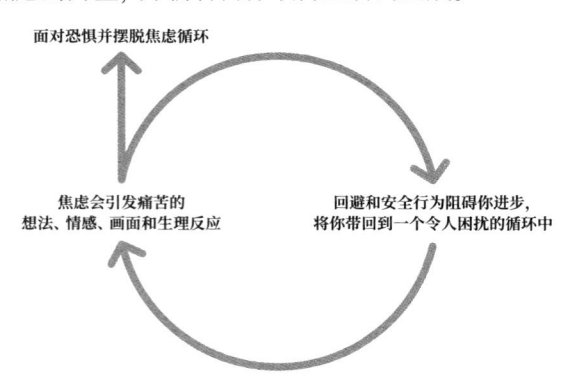

面对恐惧并摆脱焦虑循环

焦虑会引发痛苦的
想法、情感、画面和生理反应

回避和安全行为阻碍你进步，
将你带回到一个令人困扰的循环中

看着这个循环你会发现，当焦虑出现时，它会引发一系列痛苦的想法、情感、心理形象和生理反应。这些经历可能会让人感到不知所措，促使你采取回避和安全行为来应对。但依赖这些策略会阻碍你向前迈进，并使痛苦循环不断延续。相反，当你积极地面对恐惧，勇敢地面对引起焦虑的情况或触发条件时，你会打破并走出这个循环。

现在，让我们继续讨论如何面对恐惧。保持积极的心态，继续向前迈进，并相信自己内在的力量和韧性，你完全有能力克服这些挑战。你能行！

面对恐惧的4个步骤

在通过任务30和31识别出回避和安全行为后，现在你可以按照以下4个步骤进行：

1. 评估情绪困扰程度

2. 面对恐惧

3. 回顾进展

4. 在排序名次高的行为中重复这个过程

现在，你可以像尼克一样，识别自己的回避和安全行为并对其进行排序，选择最容易开始的一个行为。你可以像尼克那样制订一个详细的计划，将任务拆解成可管理的步骤。下文中的表格展示了尼克的精密计划，这一计划中，各项任务以促成其进步的方式构建起来。在整个过程中，尼克记录了自己的焦虑评分，帮助其评估自身努力的影响。这一步非常关键，因为只有当焦虑评分达到最低水平时，你才应该继续进行下一个任务。如果焦虑没有减轻，你可能就需要进一步细分任务或重复进行，直到你的焦虑减轻为止。

患者案例：尼克面对恐惧的过程

尼克展示了与其健康焦虑有关的几种行为，包括因担心会得知消极诊断而避免去看医生 (10/10)，反复进行体检 (8/10)，进行过多的关于疾病的线上研究 (6/10)，并向女友和父母反复寻求关于他健康状况的不必要安慰 (4/10)。根据停止这些行为后会引起的困扰程度，我们对回避和安全行为进行了排名，为每个行为分配了一个10分制的得分 (括号中的数字)。然后，我们按照从最不困扰到最困扰的顺序处理这些行为。

为了帮助尼克克服恐惧，我们从最容易克服的行为开始，集中精力单独解决每一个行为。在这种情况下，最容易克服的是停止向他人寻求重复的不必要安慰。我们创建了一个详细的计划，引导尼克实现这个目标，因为仅仅直接停止这个行为对他来说过于具有挑战性和模糊不清，缺乏明确的起点和终点。像尼克一样，当你遵循正确的分步计划时，你会一次次地见证焦虑程度的下降，这种经历有助于大脑自动调整其思维模式。

1. 对焦虑水平进行排名

为了准确评估焦虑水平，你需要再次参考任务30和31，即分析通过自身回避和安全行为所得到的信息。这些信息对于确定目标、识别需要解决的回避和安全行为，以及建立其优先顺序方面起着关键作用。如果你正在面对多个回避或安全行为，那么你需要单独处理它们。这对许多焦虑症患者来说是一种常见的经历，你可以从最容易面对的行为开始。一旦你确定了要开始的行为，重要的便是评估你对执行特定安全行为必要性的信念水平。这个评分有助于评估你的看法，并为你在此过程中取得进展时观测信念水平的变化提供依据。

让我们仔细看看尼克的例子。尼克展示了几种回避和安全行为，我们通过为每种行为分配一个10分制的困扰分数，对它们进行排名，其中0分代表没有困扰，10分表示最高水平的困扰。接下来，我们根据困扰水平（按照从最困扰到最不困扰）对这些行为进行排序。

尼克需要按照顺序克服每种行为，从最容易的开始逐渐过渡到最具挑战性的行为。以下是尼克展示的行为：

- 因害怕接受身体诊断而避免去医生那里 (10/10)。
- 进行反复体检 (8/10)。
- 过度开展关于疾病的网上研究 (6/10)。
- 就自己的健康状况向女友和父母反复寻求安慰 (4/10)。

尼克的第一个目标是在困扰方面排名最低的行为：停止向他人寻求反复的不必要安慰。尼克认为，他必须进行这种行为以确保自己的安全，他对此想法非常强烈：打了一个10/10的最高困扰评分。

2. 面对恐惧

在这一步中，我希望你为面对恐惧制订一项个性化的计划，并遵守这一计划。就像尼克以前从未直面恐惧，起初感到焦虑一样，你也可以通过采取循序渐进的方式取得成功。尼克的计划展示了如何将任务细致地划分为可以管理的步骤。通过认真地面对每项任务，尼克直面恐惧，并取得了显著的进展。在整个过程中，尼克评估了他的焦虑水平，以确认其个人努力的影响。这个评分体系还确保只有在焦虑降到最低水平时才能继续进行下一个任务。如果焦虑减轻的程度不明显，那么任务将进一步细分或重复进行，直到焦虑减轻。

尼克对任务前后的焦虑评估

我为面对放弃寻求不必要安慰时的恐惧而制订的计划	任务前焦虑评分（0~10，0表示不焦虑）	任务完成后焦虑评分（0~10，0表示不焦虑）
1.将寻求安慰的范围限制在只向女友寻求，不再向父母寻求。持续3天。	第1天 - 10/10 第2天 - 7/10 第3天 - 4/10	第1天 - 6/10 第2天 - 3/10 第3天 - 1/10
2.将寻求安慰的次数限制在一天两次，分别是早上和下班后，每次只问一个问题。持续3天。	第1天 - 7/10 第2天 - 5/10 第3天 - 3/10	第1天 - 5/10 第2天 - 2/10 第3天 - 1/10
3.每天早上只向女友问一个安慰性问题，持续3天。	第1天 - 6/10 第2天 - 2/10 第3天 - 1/10	第1天 - 4/10 第2天 - 3/10 第3天 - 0/10

我为面对放弃寻求不必要安慰时的恐惧而制订的计划	任务前焦虑评分 (0~10, 0表示不焦虑)	任务完成后焦虑评分 (0~10, 0表示不焦虑)
4.如有必要,每隔一天在工作前向女友问一个安慰性问题。每次仅限一个问题。持续7天。	第1天 - 7/10 第2天 - 6/10 第3天 - 5/10 第4天 - 5/10 第5天 - 4/10 第6天 - 2/10 第7天 - 0/10	第1天 - 5/10 第2天 - 4/10 第3天 - 4/10 第4天 - 3/10 第5天 - 2/10 第6天 - 1/10 第7天 - 0/10
5.每周只向女友寻求一次安慰,每次只限一个问题。持续14天。	1/10	0/10
6.停止向女友寻求关于疾病的安慰。如有新的担忧,请咨询医生。	0/10	0/10

续表

在制订计划时,请确保能够实现挑战自我的目的,但不要设定过高的难度,以取得稳定的进展。可以参考尼克的计划将任务拆解成可管理的步骤,通过完成任务来面对恐惧,直到焦虑显著减轻为止。在整个过程中判定焦虑水平以评估进展;如有需要,请通过进一步细化任务或延长重复次数来调整计划。请记住,这个计划是根据你克服安全行为和回避的进程量身定制的，因此可以灵活适应个人需求和进展速度。

3. 回顾进展

请花点时间反思面对恐惧的过程，并评估进展。这是巩固经验和学习的重要步骤。不要低估这一步的价值，因为它会让你的大脑接受新的观念和行为方式。在经历仍然新鲜的时候进行这一过程很重要，因为这样更容易得到准确的画面。注意在整个过程中发生了什么，以及你的感受如何。仔细思考你的观察、情绪和你注意到的变化。在这个阶段，你还应该重新评估自身对实施安全行为必要性的信念程度。此外，还需要评估哪些方面进展顺利，哪些没有按计划进行，以及你吸取了什么教训。确定需要修改、重复或进一步探索的任何方面。以下是一些问题，可以帮助你回顾你的进展。

▶**复查进展情况**

1. 发生了什么？

2. 你能完成你制订的计划吗？

3. 你能比计划中预期的时间更快地取得进展吗？

4. 随着计划持续推进，实施回避/安全行为的冲动想法发生了什么变化?

5. 在没有依赖回避或安全行为的情况下,你对处事能力的看法发生了什么变化?

6. 你的整体焦虑状况如何?

7. 你有没有发现任何威胁或危险?

8. 你之前对某种威胁的看法有没有减弱?

9. 你对自己应对这些挑战的能力有了什么新的认识,你如何将这些知识应用到更深层次的进步当中?

10. 你现在有多坚信你必须实施这种行为以确保安全?

患者案例:尼克的进展回顾

1. 发生了什么?

在这个过程中,我注意到自己更容易抵抗寻求安慰的冲动了。起初很困难,但随着任务的进行,寻求安慰的冲动减弱了。

2. 你能完成你制订的计划吗?

是的,我能够完成自己设定的任务。

3. 你能比计划中预期的时间更快地取得进展吗?

是的，随着我重复这些任务，一切变得越来越容易。我意识到我的大脑在实际并不需要的情况下，将过度寻求安慰看作一种有帮助的行为。

4. 随着计划持续推进，实施回避/安全行为的冲动想法发生了什么变化?

一开始，保持寻求安慰的冲动很难抵挡，但随着继续进行，它的强度确实下降了，不这样做变得容易多了。

5. 在没有依赖回避或安全行为的情况下，你对处事能力的看法发生了什么变化?

我意识到：焦虑让我相信自己需要采取这些行为以确保安全；但实际上，相比最初预期，我可以更好地应对这种情况。我明白了寻求安慰并不能改变我的处境这一事实。

6. 你的整体焦虑状况如何?

焦虑仍然存在，但确实有所减轻。我对寻求安慰并没有任何焦虑，但我仍然会在其他需要避免的事情上做出努力。

7.你有没有发现任何威胁或危险?

没有。我发现事情实际上并不像我的焦虑想法让我相信的那样糟糕,我意识到焦虑放大了自身的恐惧。

8.你之前对某种威胁的看法有没有减弱?

是的,我认识到自身的焦虑夸大了这些威胁的意义。在不寻求安慰的情况下面对它们,让我意识到它们并不像我最初想象的那样与焦虑息息相关。

9.你对自己应对这些挑战的能力有了什么新的认识,你如何将这些知识应用到更深层次的进步当中?

相比从前的想法,我发现自己能够更好地应对,尽管我的焦虑让我以为自己无法做到。我现在明白,不寻求安慰并没有导致任何负面结果。我的大脑困在了寻求安慰对我有所帮助的想法上,但实际上并非如此。我也意识到,我可以在未寻求安慰的情况下处理各种情况,因为这并不会改变相关事实。我需要记住,陷入寻求安慰的行为模式并认为它有所帮助是很容易发生的情况,尽管并不能提供持续的缓解。利用这些知识,我将尽力更加注意自身行为,以及它们对焦虑的影响。

10.你现在有多坚信你必须实施这种行为以确保安全?

那种"我必须寻求安慰以确保安全"的想法已经明显减弱了，现在我给它的评分是0。

尼克方法的改进

当尼克完成了他的任务时，他逐渐增强了信心，使得一些任务比最初计划完成得要快。有时候尼克甚至可以一口气完成两个任务，因为他觉得这样做对他来说并不会造成压力。尼克根据在这一过程中的反应对计划进行了相应的调整。

就像尼克一样，对于你来说，在完成自己的任务时保持灵活性很重要。你可能会发现，你也可以对自己的任务进行修改。如果你拥有推动自己更进一步的冲动，那就拥抱这份信心，全力以赴吧！灵活性在你的旅程中起着至关重要的作用，它允许你做出必要的调整并抓住成长的机会。所以，当你注意到自己充满信心时，请充分利用好这一时机。

如果你未能完成计划，反思和审视也至关重要，这样你可以创建一个新的、更有效的计划。首先，思考一下为什么你无法完成任务，并确定你在途中遇到了哪些障碍。反思这些困难背后的原因，思考可能需要哪些修改、重复或进一步规划。这可能包括将任务分解成更小的步骤，增加重复次数，或调整推进的速度。

4. 通过重复这一过程来应对排序名次高的行为

一旦你成功地直面第一步所创建列表中的恐惧，那么就是时候处理排序名次高的恐惧了。适度掌控节奏，以可承受的速度逐步推进，保持信心的持续增强。

随着过程的推进，你会注意到你对最后一个、最令人害怕的恐惧的感知和应对方式发生了显著变化。早期任务的完成自然会降低总体焦虑水平，这对剩下的恐惧强度产生了连锁反应。在最初的计划阶段，曾经显得令人畏惧和不堪重负的事情现在看起来更加可行和容易掌控。通过这个循序渐进的过程，你对最强烈的恐惧的看法将发生变化，你将能从新的角度看待它。虽然面对最后的恐惧可能仍然会引起一些不适，但它引发的困扰已不再像你最初面对恐惧时那样强烈。

案例：尼克在应对其他排序行为的过程中取得的进展

在尼克成功解决了寻求安慰的问题后，他继续按照排序制订了一个循序渐进的计划，解决了剩下的三个问题。他首先解决了自己对疾病进行过多网上调查的问题。然后，他转而解决了自己反复进行体检的问题。令人惊讶的是，在解决了体检问题的三天后，尼克迈出了大胆的一步，他预约了医生以应对他回避医疗访问的恐惧。比计划提前完成医生的问诊，展示了尼克在完成前期工作后信心的提升。

面对不同焦虑问题带来的恐惧

认识到焦虑问题和回避、安全行为的个体差异，制定"面对恐惧"的方法至关重要。即使对于具有相同焦虑问题的人，也没有一种普遍适用的计划，每个人对健康或社交焦虑的经历都会造成独特的回避和安全行为。个性化方法是关键，根据你特定的需求和挑战来制定方法，可为你带来最有效的结果。为了让你进一步了解与不同焦虑问题相关的常见安全行为，我提供了临床示例。为了应对与焦虑相关的回避或安全行为，在制订计划时，请参考这四步计划。

1. 对焦虑程度进行排名。创建一个按照恐惧程度排序的清单，并确定在开始时处理的最不具挑战性的行为。

2. 面对恐惧。逐渐一步一步地面对恐惧的情境或行为。

3. 回顾进展。反思自己取得的进步，以及所学到的宝贵经验，同时考虑是否需要任何调整，以使进程继续。

4. 通过重复这一过程来应对排序名次高的行为。按照恐惧排序清单推进，在重复这个过程的同时，逐渐直面越来越具有挑战性的恐惧。

▶**健康焦虑**

我们已经看过关于患者尼克健康焦虑的案例。以下是我在健康焦虑患者中发现的一些常见回避和安全行为。

- 过度使用谷歌或搜索健康、疾病和疾病相关的信息。
- 过度重复使用医疗设备进行自我监测。

- 过度体检。
- 过度寻求安慰。
- 过分关注身体感觉。
- 不断使用智能手表自我监测。
- 回避医疗专业人员、临床环境、医学检查和检查结果。
- 进行过多的医学检查。
- 寻求过多的医学意见。
- 时刻保持有人陪伴的状态,以防发生紧急情况。

面对恐惧的方法:

- 逐渐减少和消除过度的调查、自我监测、身体检查和过度寻求安慰。
- 逐渐让自己暴露在临床环境中,例如先驾车经过然后步行经过,在停车场等待,进入建筑物然后离开,逗留更长的时间,最终逐步强化这些行为。
- 与你的医生坦诚开放地沟通,谈论你对医学检查/意见的担忧,并在继续采纳这些意见的情况下接受指导。
- 逐渐延长独处的时间,从几分钟到整天,以此类推。

▶惊恐症发作

惊恐症发作的特征是突如其来的强烈焦虑波动，伴随着明显的身体不适。对某种情境、感觉或想法可能引发另一次发作的恐惧往往会延续这个循环，使人们对体感异常感到害怕。这种高度的生理和情绪激活状态通常会导致人们做出回避和安全行为，这些行为会让人们陷入一种维持焦虑的循环中。克服与惊恐相关的恐惧通常涉及直接体验恐惧的感觉，并逐渐适应将自己暴露在以前回避的情境中。

你需要保持这种故意诱发的感觉，直到痛苦减轻。以下是与惊恐症发作相关的一些常见的回避和安全行为。

- 避免参加活动以防止心跳加快和/或采取行动以保持正常的心率和节律。
- 尝试待在凉爽或寒冷的环境中以避免产生身体不适。
- 因害怕触发不适感而避免某些动作。
- 出于害怕经受身体（异常）感觉而回避锻炼。
- 避免会导致呼吸急促的情况。

- 回避特定地点，如购物中心、陌生地点、公共交通、电影院，以及繁忙或拥挤的地方。
- 将自己限制在熟悉的地方，不愿冒险前往其他地方。
- 回避小型或封闭的空间，如电梯。

面对恐惧的方法：

- 进行短暂的原地奔跑，以10秒起步，逐渐增加持续时间。
- 使自己处于炎热的环境中，比如坐在一个炎热的房间里、汽车里或浴缸里，逐渐增加持续时间。
- 练习渐进的动作，学会容忍相关的感觉，逐渐增加动作的持续时间。
- 进行短时间的锻炼，并逐渐延长锻炼时间。
- 屏住呼吸15秒。
- 挑战自己，快速呼吸5秒或10秒，逐渐增加持续时间，增加至1分钟。
- 捏住鼻子，用嘴呼吸，逐渐增加持续时间。
- 逐渐增加在通常回避的地方的停留时间，从短暂停留开始，逐渐延长停留时间。

- 让自己接触与先前恐慌发作的地方或情境相似的地方或情境，从短暂停留开始，逐渐延长停留时间。

▶社交焦虑

社交焦虑源于人们担心自己在人际互动和社交情境中受到他人负面的评价。我注意到，在社交焦虑中的常见的回避和安全行为包括：

- 在他人面前保持沉默，因为担心自己会尴尬。
- 在说话前反复演练每个词。
- 避免闲聊。
- 戴着耳机，以避免他人开启对话。
- 逃避眼神接触，以避免想象中的消极反应。
- 过分关注自己，担心自己的形象。
- 花费太多时间回复电话、信息或电子邮件。

面对恐惧的方法：

- 逐渐开始说些什么，从简单的句子或问一些基本问题开始，然后逐步加大难度。
- 挑战自己，在交谈中随机地说些中立的话。
- 与人们进行简短的问候，比如商店或咖啡馆的员工。询问他们过得如何，祝他们生活愉快，或者询问特定产品的位置，然后根据情况逐渐增加这些互动。

⊙ 逐渐延长摆脱依赖安全行为（如戴耳机或避免眼神接触）的时间。

⊙ 逐渐将注意力从内向外转移，关注外部因素，不再持续进行自我监控。

⊙ 为自己设定限制，逐渐减少回复信息或电子邮件所需的时间。

▶死亡焦虑

死亡焦虑是一个需要专门探讨的广泛性话题。虽然我无法在这里对死亡焦虑进行全面探讨，但绝不能忽视其重要性。死亡焦虑与生存关怀紧密相连，焦虑患者通常会放大这一话题。特别是对于患有健康焦虑的人，他们可能会受到死亡焦虑的重大影响。他们对个人健康或亲人幸福的过度担忧可能根植于对死亡的潜在恐惧。恐慌症状也经常涉及对死亡的恐惧，比如心脏病发作等。在第九章中，我们将探讨创伤与焦虑之间的联系，包括失去、暴力或生命威胁事件的经历如何引发人们对死亡的深层恐惧，这在广泛的焦虑问题中起着重要作用。

现在，让我们把注意力重新转回到回避和安全行为上来。作为人类，无论是有意识还是无意识，我们都会本能地意识到我们终将不可避免地面临死亡，尽管我们倾向于避免思考这个话题。经受死亡焦虑的人通常会采取回避和安全行为，以使自己免受思考死亡话题、提醒自己死亡存在这一事实和死亡可能性的影响，他们也可能回避与死亡有关的触发因素。以下是一些与死亡焦虑相关的常见回避和安全行为：

◉ 避免思考死亡。

◉ 避免在电影、电视节目、音乐和其他媒体形式中接触与死亡相关的主题。

◉ 回避与死亡有关的想法、对话或计划。

◉ 避免参加葬礼、参观墓地或接触人寿保险广告。

◉ 过分关注与死亡对亲人的影响有关的想象中的灾难性情景。

应对恐惧的方法：

◉ 聆听与死亡主题相关的歌曲。

◉ 参与死亡和失去主题的小说作品创作。

◉ 观看面对死亡主题的电影或电视节目。

● 考虑起草遗嘱,与熟人讨论这个问题,最终制定遗嘱。

● 逐渐让自己在旅行中接触殡仪馆和墓地。

● 反思、讨论或写下你的葬礼偏好。

● 思考你的亲人或你认识的其他人如何应对丧亲的事实。

将自己暴露在这些情境中,目的在于逐渐减少回避行为。我列出的这些建议,包括对死亡的描绘,可能会引起不适。面对死亡焦虑及其相关的回避行为也可能具有挑战性。与我共事过的一些人经历过创伤损失或与死亡有关的事件,这些悲惨的经历所导致的复杂创伤可能会引发更复杂的死亡焦虑表现,其中那些与死亡相关的创伤和恐惧对当前患者状态的影响很大。在这些情况下,为了更有效地解决焦虑问题,可能需要处理患者的原始创伤。如果你对此有共鸣,建议你寻求合格且经验丰富的专业人士的帮助,他们可以帮助你应对死亡焦虑。请参阅第九章内容,我在那里就如何找到适当的支持提供了详细信息。如果你经历过明显导致焦虑的创伤,下一章的内容将为你应对这种影响提供有价值的自助策略。

障碍与解决方法

如果在面对恐惧的过程中遇到困难,感到停滞不前,你需要认识到这背后通常存在一个合理的原因,这一点很重要。理解和解决这些障碍可以帮助你克服它们,从而取得进展。以下是你在过程中可能遇到的一些常见的挑战,以及帮助你应对每一个挑战的实用建议。

▶"我太焦虑了,以至于无法开始"

面对引发焦虑的事物,尤其是那些让你极度恐惧的事物,可能是具有挑战性的事物时,重要的是,要记住你不需要一次做完所有的事情。逐步进行工作不仅是可以接受的,也是我推荐的。如果你发现自己不知所措,无法开始,那么逐渐提升你的起点并从那里开始是完全可以接受的。例如,假设你正在努力应对社交焦虑,发现在他人面前讲话或闲聊很具有挑战性。一个很好的开始方式是,练习说一两句简短的短语或问一个简单的问题。如果你更愿意与你不太熟悉的人互动,那么可以尝试在商店的员工或为你拿咖啡的人面前进行一些闲聊练习。一旦你开始感到自在,就可以逐渐发展到在一小群友好的朋友或同事面前讲话。随着信心的增长，你可以练习在更大的观众群体面前发言，并提出更多的问题，逐渐过渡到在人前分享更多的想法和意见。

你也可以运用想象力来增强信心：花一些时间在家里或镜子前想象自己充满自信的讲话，思考你想说的话。刚开始的时候感到焦虑是正常的，但不应该让它变得如此难以应对，以至于阻止你开始这么做。如果是这样，那就进一步将事情分解开来。如果你仍然不确定如何开始，我建议你回到第六章，练习该章分享的策略，以更好地管控自己的痛苦，然后再继续前进。一旦感觉自己已经做好应对恐惧的准备，你就可以逐渐面对它们，扩展自己的舒适区。

▶**"当我面对我的恐惧时，我无法应对那些焦虑的想法"**

当你面对最可怕的恐惧时，经历令你困扰的想法和画面是完全正常的。这是可以预料的：你正在面对最可怕的恐惧，当然会有这样的反应（当然会有可怖的画面）浮现在你的脑海中。在这些任务中，重要的是要明白，平静和放松的状态对你来说可能不现实，也不可期待。在这些情况下产生不适和焦虑的情绪是很自然的。接受痛苦，坚持下去，会发生什么最糟糕的事情呢？如果你在面对恐惧的过程中经历了这些想法，你可以回顾一下我们在第四章讨论的最坏情况下的练习。此外，回顾一下你在接纳方面所做的工作；如果需要的话，也可以重新审视这些概念，提醒自己为什么首先会拿起这本书——是为了让自己变得更加冷静。你想要战胜焦虑问题，从而重新获得有意义的生活。在处理这些挑战的过程中，暂时的痛苦只是一个小小的代价。

拥抱这种不适感，因为你知道这是迈向更大平静和充实生活的必经之路。你也可以回顾第六章"如何管理强烈的情绪"的内容，你将会找到一些策略，这些策略可以在面对恐惧的过程中帮助你调节情绪。

▶"我不知道它是否有效，是否应该继续"

这种疑虑是为什么在你完成任务时仔细回顾你的进展并评估你的焦虑水平非常重要的原因。你的大脑需要能够看到这种进展。退一步，重新评估你的进展。如果你没有记录任何评分，没有回顾和反思你的进展，那么可以尝试一个新的或替代的任务，以确保你在执行任务时进行评估，记录每个任务完成前后的焦虑评分，并确保正确地完成这个阶段的任务。

同样重要的是，你的任务持续时间要足够长，足够频繁，偶尔做一次是不够的：你真的需要尽可能频繁地去执行，并坚持完成相同的任务，直到它引起的焦虑水平显著下降。如果你以一种更表面的方式面对你的恐惧，它不会产生你期望的效果。此外，短暂地面对你的恐惧实际上是一种回避，强化了大脑的看法，认为这一事物太可怕，应该避免。

最后一个重要的注意事项：只有在不使用任何安全行为的情况下面对你的恐惧才有效。如果你在尝试面对你的恐惧时使用了安全行为，这实际上并没有在面对你的恐惧，而是在强化你的焦虑。再次，如果你觉得只有采取了安全行为才能面对你的恐惧，那么你需要考虑进一步细化你的任务。

面对恐惧的 10 个要点

1. 认识到回避行为是有意识地避免触发焦虑的情境、活动或想法,这种行为会使潜在的焦虑问题持续存在。

2. 认识到安全行为是为了让自己感觉远离恐惧产生的后果,这些行为是回避的巧妙形式。

3. 记住,回避或逃避与你的恐惧相关的情境、想法、形象或触发器会加重你的焦虑问题。

4. 理解回避和安全行为是用来预防或减轻最坏情况的发生,并获得对正在经受的痛苦的控制感。

5. 努力解决回避和安全行为,以战胜焦虑问题,持续地接纳面对恐惧的过程。

6. 当你回避面对恐惧时,恐惧会变得更强大。

接受情况，而不是通过回避固执对抗，因为通过回避来对抗情况会加重焦虑问题。

7. 充分面对你的恐惧，体验焦虑的自然减轻，并训练你的大脑准确评估危险。

8. 实施结构化的四步面对恐惧的计划。制订一个清晰可预测的策略，详细说明每个步骤，逐渐面对你的恐惧。定期重复这个过程，培养韧性，并向战胜焦虑迈进。

9. 以灵活性的态度来面对你的恐惧，调整所需的行动，保持挑战和可实现性之间的平衡。

10. 应用结构化的四步计划来解决各种焦虑问题，如一般焦虑、健康焦虑、社交焦虑和恐慌。

刺激你的感官

让你的感官系统参与其中，可以通过关注当下来帮助你减轻焦虑，将你的注意力从焦虑中转移开来。你的感官将你连接到外部世界，让你稳当地身处当下，远离可能将你拉入未来不确定性的焦虑想法。为了事半功倍，你可以找到对你来说也很愉悦的感官活动，这些活动可以释放多巴胺等让人感觉愉悦的神经递质，减轻焦虑，改善心情。

以下是一些建议来刺激你的感官：使用万花筒、欣赏艺术或大自然、听雨滴落的声音或鸟儿的鸣叫、玩玩泥巴或黏土感受手感、使用让人兴奋的小工具、享受按摩、品尝爆米花糖、嗅闻香草或香薰蜡烛，还有更多其他的活动！你能想到其他一些吸引你的活动吗？

第九章

如何应对创伤与焦虑

我们已经知道焦虑来源于方方面面，本章我们将深入了解创伤和创伤后应激障碍（PTSD），从而更好地理解其本质。更重要的是，我们将探讨这两者之间的关系，重点关注不同类型的焦虑问题。你可以阅读本书，疗愈自己，展现了你的坚韧。好好活着，寻求疗愈之道，你应该为自己感到自豪，你的执着令人钦佩。本章将引导你了解各种自助策略，这些策略可以帮助你舒缓和平复受创伤的神经系统。

将你的大脑想象成一艘坚固的船，而创伤就像汹涌的海上风暴。正像猛烈的风暴会使船只左右颠簸，偏离航线一样，创伤会影响大脑中微妙的平衡。在经历了风暴之后，船只需要时间来恢复稳定，重新找到方向。它可能需要悉心检查，改进帆具，也需要修补缝隙或破洞，以恢复其坚固性、稳固性和力量。同样，在经历了创伤之后，你的大脑也需要时间和支持来恢复平衡。就像将一艘船引导到平静的水域，你可以给自己提供耐心、善意、同情和自我关怀，以应对创伤的动荡，重新找回内心的平静。

这样可以帮助你的心灵和身体重新归于一致，重新找到正确的方向。花时间来安抚和照顾自己，同时在必要时向亲人或专业人士寻求帮助，这些都可以帮助你的大脑找回稳定和平静的状态。花时间关心自己，你的大脑可以恢复力量，就像船只重新扬帆起航那样。

请注意：本章提供的信息并非用于诊断目的。如果你怀疑自己可能患有创伤后应激障碍(PTSD)，建议咨询医生进一步确认。只有有资质的专业人士才能正式诊断你是否患有PTSD并引导你接受有效的治疗。

创伤与PTSD

创伤和创伤后应激障碍(PTSD)并不相同。创伤是对痛苦事件或经历的情绪反应。PTSD是由于直接经历重大创伤或目睹重大创伤而产生的一种心理健康障碍。PTSD在经历创伤事件后会继续发展，但并非所有创伤事件都会发展成PTSD。在经历创伤事件后，有些人会出现符合PTSD诊断标准的症状。一些人可能有创伤的症状，而另一些人的症状可能会逐渐消退。PTSD引起的痛苦通常较严重，且会持续存在，严重影响个体的生活质量和行为能力。相比之下，创伤的影响可能不会如此广泛，并且可能不会导致同样程度的持续伤害。

创伤

创伤是对痛苦事件或经历的情绪反应。"创伤"一词并非心理学术语，而是用来描述这种情绪反应的方式。创伤性经历是人类都有的，生活中很少有人不经历任何形式的创伤。我们都处于一个连环的苦难之中，其频率和强度各不相同。对于一些人来说，家庭环境可能在无意或有意地加剧了他们的困境，其他人的家庭可能无法或不愿在困难时期提供支持，甚至那些能给予支持和爱的家庭也可能发生一些意外情况。在成年后，一些人因为经历过的事情与家人疏远了。一生中，我们大多数人普遍都有失望、受伤、拒绝、耻辱、失败、冲突、恐惧，甚至恐怖的经历。

有一种普遍的假设将所有的创伤归因于童年经历，一些治疗师可能会完全将责任归咎于原生家庭造成的创伤。我建议对这种观点持谨慎态度，因为它不仅存在缺陷，而且可能具有潜在危害。重要的是，要认识到并非所有的创伤都与童年经历或家庭因素有关。虽然童年经历可以导致创伤，但我们也必须承认，有些人在童年时有积极的经历，在成年后仍然面临创伤或焦虑。不局限于童年经历和父母的影响，用全面的视角来考虑创伤经历的多样性起源和复杂性，这是极其重要的。

对于同一件事，某些人可能会视为创伤，但其他人并不会。这种差异可能与许多因素有关，如气质、个性、毅力、社会支持、神经系统功能等。创伤经历可能会让人们产生极大的不确定感和无力感。无论是重大事件还是一件小事，重要的是，它对你产生了什么样的影响。

创伤实际上与你所面对的个人经历有关。如果另一个人对相同类型的事件似乎毫不在意，这并不会减轻对你的影响。创伤并不会因为不同的人有不同的身体和思维方式，而有不同的反应。如果你自认为能够应对却无法做到，或者一直无法做到，也请不要苛责自己。当你阅读本章时，你将了解更多应对的方法，来减轻创伤对神经系统的影响。

无论是重大事件还是一件小事，重要的是，它对你产生了什么样的影响。

创伤后应激障碍 (PTSD)

前面提过，PTSD是由于直接经历重大创伤或目睹重大创伤而产生的一种心理健康障碍。PTSD的重大创伤可能包括死亡、严重的受伤/危害或对身体完整性的其他极端威胁。对生存和身体完整性构成严重威胁的情况可能包括性虐待、成为严重犯罪的受害者、暴力、事故或与健康有关的事件、处于战争区域、经历自然灾害，以及通过紧急危机工作接触到这些情况中的任何一种。这只是广泛的概念，当然还有其他情况。PTSD的症状包括以下几种：

- 出现反复、不自主地被事件侵扰的想法和记忆。
- 通过回忆或反复做噩梦来重新体验事件。
- 睡眠障碍。
- 过度警觉和亢奋状态。
- 感觉疏远和麻木。
- 回避。
- 感知变化。
- 解离反应。
- 在暴露于与创伤事件相关的内部或外部刺激时出

现的强烈或持续的心理困扰。

- 在暴露于与创伤事件相关的内部或外部刺激时出现的明显生理反应。
- 对自己、他人或世界有持续而夸大的负面信念或期望。
- 无缘无故的烦躁或愤怒。
- 鲁莽行为。
- 夸张的惊跳反应。
- 注意力问题。
- 持续无法体验积极情绪。

创伤与焦虑的关系

众所周知,经历创伤事件对心理健康各个方面都会产生影响。研究证明,那些经历过创伤的人存在焦虑症状。

童年逆境是造成创伤的一个原因,但并不是唯一可能导致焦虑问题发生的原因。创伤可以发生在任何年龄段,尽管许多研究侧重于童年的消极经历,但成年生活的许多经历也可能导致焦虑问题的发作。我见过许多焦虑问题患者，他们的焦虑是在经历了童年创伤后发展起来的。我也见过无数焦虑问题患者，他们的焦虑问题是在成年后经历了创伤后发展起来的。

童年逆境与各种心理健康问题的发展密切相关，包括焦虑障碍在内。术语"童年逆境"涵盖童年时期的一系列负面经历，包括贫困、低社会经济地位、家庭冲突、家庭暴力、居无定所、忽视、虐待，以及失去父母等。研究表明，不利的童年环境与生理反应亢进密切相关，通常称为应激反应。应激反应指的是一个人对压力源或挑战性情境的生理和心理反应。它涉及身体的适应机制，如心率、血压、激素水平和情感反应的变化，以应对和管理所感知到的压力。高应激反应意味着对压力源的反应更加强烈和敏感，而低应激反应则意味着反应不太明显。请注意，并非所有经历了创伤的个体都会出现应激反应，或者焦虑问题。

许多关于童年应激反应成因的研究都侧重于相对严重的逆境经历。仅有的那些严重的逆境事件（如虐待）

在多大程度上会导致应激反应的变化，目前尚不清楚。由于我对该领域的了解有限且缺乏专业知识，对此类情况过早做出假设是不合适的。同样地，我对童年环境中哪些具体方面会导致不适应性应激反应的了解也不充分，需要进一步研究。

不适应性应激反应以对压力的反应过度、持续或无助为特征，这种反应在处理压力情境时既不合适，也无益处。这可能表现为过度焦虑、生理激活增强、应对机能受损、情绪调节困难，以及难以有效适应和从紧张的事件中恢复。不适应性应激反应会增加焦虑等心理健康问题的风险。尽管还需要进一步的研究来充分理解这一观点，但其中一个可能的解释是对发展中的应激反应系统的影响。正如在第三章讨论的那样，应激反应系统是人体内固有的"恐惧警报"。创伤经历可能会干扰儿童的发育，可能会影响应激反应系统的正常发育。如果是这种情况，那么应激反应可能无法像应该的那样发挥最佳作用。

下面我们来继续探讨焦虑问题的临床案例及其与创伤的关系。

病例示例：凯蒂的广泛性焦虑

　　凯蒂同时受广泛性焦虑和健康焦虑的困扰。她的父母工作时间很长，经常需要应付繁忙的工作。凯蒂在很长一段时间内不得不独立料理家务，尽管不是整夜。即使她的父母在家，年幼的凯蒂也要独自做家务，父母给了她太多的责任。这种令人窒息的责任感让凯蒂相信她必须独自应对问题，一切都只能靠她自己解决。这无疑是她童年时期的一段艰难经历。凯蒂很少与父母分享她的问题或担忧，也不向他人倾诉。她将自己的担忧内化，成为一个长期的忧虑者。凯蒂担忧的东西越来越多，工作、准时性、家庭、伴侣、金钱、世界大事、自己，以及他人的健康，以上都是她担忧的内容。一波才平，一波又起，凯蒂的核心观念受到她童年经历的影响，伴随着脆弱性、事情总会不断出错的可能性，以及如果发生了不好的事情就会感到巨大的恐惧。

　　凯蒂的案例揭示了童年忽视对广泛性焦虑的发展进程的影响。另一方面，劳拉的案例表明，广泛性焦虑可以由成年时期的创伤经历引发。除了童年原因，成年时期也有各种各样的创伤经历可能诱发广泛性焦虑，包括遭受侵害、自然灾害、事故或目睹暴力等。动荡不安的关系、艰难的分手或离婚，以及失去所爱之人都可能引起严重的情感困扰，并导致广泛性焦虑。失业、财务不稳定和持续的与工作相关的压力可能引发长期的担忧和焦虑。此外，引起不确定性和压力的重大生活事件可能导致焦虑水平升高。

患者案例：劳拉的广泛性焦虑

劳拉经历了多次压力重大的生活事件后，产生了广泛性焦虑。首先，由于公司裁员，她突然失业，对自己的财务稳定和未来的职业前景感到迷茫。随后，她结束了一段长期的恋爱关系，情感困扰和失落感加剧。然后，劳拉不得不搬到一个新城市，离开了她已经建立起来的社交支持网络和熟悉的环境。可以理解，这些事一下子发生，对劳拉来说太难面对了，让她无法像往常一样从容应对。它们破坏了她的稳定感、安全感和熟悉感，对她的日常生活、心理健康和整体生活质量产生了显著影响。劳拉的广泛性焦虑表现为对生活、财务、就业前景,以及在新的感情关系中找到幸福的持续担忧。这种担忧也蔓延到日常事务,包括工作责任、时间管理、获得足够的睡眠等。

患者案例:杰克的健康焦虑

杰克30多岁时,我遇到了他。杰克在成长过程中,家人一直有健康问题。他的父亲常年患有慢性疾病,杰克也经历了祖父母因疾病去世的痛苦。当然,重要的是,包括杰克在内,这些情况都超出了任何人的控制范围。

目睹父母身体虚弱这种不确定性状态的创伤,塑造了杰克对自己身体完整性和安全性的认识。随着时间的推移,这演变成对具体病痛和疾病的恐惧。杰克对身体感觉的敏感度增强,他广泛监测自己的身体,将自己的症状与网上搜索到的疾病标准相匹配。杰克的健康焦虑受到创伤经历的影响,导致其安全感、稳定性观念的形成。因此,杰克坚信自己时刻处于危险之中,威胁无处不在,他注定要受到伤害。

患者案例：波莉的健康焦虑

波莉的健康焦虑受她母亲的影响。她母亲的健康焦虑波及波莉和她的兄弟姐妹，导致他们反复检查自己的健康状况。波莉的母亲最害怕两件事：一是害怕去世，让子女陷入困境；二是害怕任何子女身患疾病或死亡。波莉说，她的母亲即便是轻微病症，也经常会情绪失控，甚至歇斯底里。虽然我从未见过波莉的母亲，但她对孩子们的深切关爱使我产生了深深的同情。她对家人的爱和担忧之强烈引起我的共鸣，这突显了父母保护和养育孩子的普遍本能。由于母亲的经历，波莉内化了一个观念，即她是脆弱的，她认为自己的身体极其脆弱，容易患病或受到伤害。波莉认为这个世界很危险，她对潜在风险和危险保持惯常的警惕和过度警觉。她经常需要监测自己、伴侣和宠物的健康状况。

也许你发现自己与波莉母亲的症状颇为相似。不止你一个人如此，对于任何父母和照料孩子的人来说，与孩子有关的健康焦虑是相当常见的。

现在,你可能会担心自己的担忧和行为是否会像波莉母亲那样给家人造成伤害。这种焦虑是完全可以理解的,我想直接谈谈这个问题。事实上,我选择讨论波莉的案例,是因为我意识到很多人有着类似的担忧。父母和照料孩子的人的行为确实会对孩子产生影响。他们观察孩子,并从中吸收了很多。然而,你在阅读本书并寻求方法来解决问题、改善自己,这本身就说明了很多事情。通过采取措施让自己感觉更加平静,提高自己的幸福感,你也在创造一个积极的涟漪效应,也会使你的家庭受益。

也许你想知道波莉经历了什么,她的故事是否证明父母会对孩子造成不可挽回的伤害,导致终生焦虑。我保证,这并不属实。我见证过患者的转变。在适当的治疗之后,波莉的焦虑问题有了明显改善。她对焦虑的根本原因有了深刻的认识,特别是对她母亲行为的影响。她学会了应对焦虑的策略,并对安全和风险有了更正确的看法,这在她的治疗中起到了关键作用。随着时间的推移,波莉的焦虑减轻了,她对自己应对生活挑战的能力有了信心。波莉的案例很有说服力，它告诉我们如何应对焦虑，并从过去的创伤中疗愈，拥抱更加有序和充实的生活。

当你人生中发生重大事件，其中包括成为父母，你可以鼓励孩子参加健康的、适合他们年龄的冒险活动，并与他们谈论焦虑问题。如果他们就此提问，你可以给出答案，同时也要理解他们。你可以向他们介绍一些自助技巧，可以是呼吸法或正念练习，还要向他们解释具体怎么做、为什么会有所帮助，这非常重要。本书的许多方法可以帮助你应对焦虑。你正在运用必要的工具和资源来装备自己，使自己成为一个更现实、更平衡的照顾者。每一种策略既可以使你更好地履行自己的职责，也可以拓展到其他方面。通过自我教育，你不仅自己受益，也创造了一个积极的涟漪效应，关乎家人的幸福。

患者案例：艾米的健康焦虑

艾米在成年时经历了创伤，打破了她之前没有焦虑的生活状态。这一切始于她被误诊为甲状腺癌，她在情感上经历了大动荡。最初确诊癌症让艾米不得不面对自己生命很脆弱这一可怕现实。甲状腺癌通常可以治愈，她接受了治疗。但接着，不可思议的事情发生了——艾米被告知她被误诊了。像艾米这样的误诊事例在我的临床经验中非常罕见，发生的概率也极低。在这场创伤性经历的后期，艾米被健康相关的担忧所困扰。她忙着反复进行身体检查，在私人医疗咨询上花了很多钱，努力消除疾病的任何可能性。在误诊创伤得到处理和治疗前，艾米的焦虑症状持续了数年。这证明了像艾米这样的人具有足够的韧性可以应对这样的挑战，并找到通向康复的道路。

我在这里提供的病例，表明了杰克和波莉在童年经历的创伤事件如何导致健康焦虑的发展。相比之下，艾米在成年时期经历了一起创伤事件，从而导致健康焦虑。除了以上列举的例子，要注意，在成年时期，有各种各样的创伤经历可能会导致健康焦虑的发展。根据我的临床经验，这些经历包括经历健康危机或目睹亲近的人经历健康危机。此外，无论是疾病还是其他原因，甚至突然失去亲人，都可能引发对健康和死亡的焦虑，从而导致健康担忧加剧。遭遇严重事故或受伤会促使人们加强对身体脆弱性和潜在健康风险的认识。经历重大公共卫生恐慌事件，如流行病，或密切关注世界其他地区的重大卫生威胁，都可能是一种创伤，会引发对个人健康和安全的恐惧和焦虑。应对需要频繁就诊或治疗的慢性或持续性健康问题也可能是一种创伤，加剧了健康焦虑。对健康和医疗护理的持续关注可能会加剧对潜在其他健康问题的担忧。最后，成为误诊或医疗事故的受害者，或目睹这样的情况，可能会使人对医疗系统和医务人员丧失信任，从而导致健康焦虑加剧。

患者案例示例：乔希的社交焦虑

为了说明创伤如何导致社交焦虑，下面分享患者乔希的故事。他在学生时期忍受着可怕而残忍的欺凌。

所谓的"朋友"对待乔希时好时坏。这个恶霸还鼓动他们团体里的其他人加入欺凌行动，辱骂、打击、吐痰、绊倒乔希，甚至逼迫他吃他不想吃的东西。他们还嘲笑乔希的声音和行为。这种持续的虐待自然让乔希变得过度自我保护，他避免说错话或做错事，从而引发更多的欺凌行为。乔希尽力融入其中，拼命避免引起他人的注意。这些创伤经历让乔希产生了一种根深蒂固的观念，即他本身存在缺陷，没有价值，无论他做什么都无法被他人接受。随着时间的流逝，乔希在社交场合中变得越来越焦虑。成年后，他习惯于在他人面前保持沉默，以避免说错话。这不仅影响了他的社交生活，还影响了他的人际关系，并阻碍他追求自己想从事的职业。

患者案例：艾米莉的社交焦虑

艾米莉自称是一个小心谨慎的人，在工作中从未经历过社交焦虑，直到那次事件发生：她受邀做一次重要的演讲，但她遇到了几个技术难题。幻灯片变得杂乱无章，麦克风出现故障，她的焦虑在那一刻达到了顶峰。艾米莉语无伦次，最终当着众人的面哭着跑下台。她感到的羞耻和屈辱感对她产生了深远的影响。艾米莉变得担心被他人评判，一直在脑海中回想此事，担心别人瞧不起自己。

她的信心土崩瓦解，丧失自我意识，她开始怀疑自己的能力，并预期未来可能发生类似的失败或尴尬场面。从此，艾米莉开始主动回避公开演讲活动，拒绝参加所有专业活动的邀请。她远离社交，害怕被评论和可能再次受到羞辱而封闭自我。

正如乔希的案例那样，持续遭受欺凌、情感虐待和羞辱可能会严重影响自尊心，更容易导致社交焦虑。同样，成年人的创伤经历，比如艾米莉的经历，也可能成为社交焦虑的诱因。根据我的临床经验，我观察到，成年人因创伤事件造成社交焦虑，原因包括令人尴尬的公共事件、社交失误、表现不佳、激烈冲突、职场骚扰、歧视或处于敌对环境中。无论具体的诱因是什么，这些经历都可能使个体产生自己缺乏信心、能力不足和不配拥有的想法。他们不断担心他人的负面评价，持续存在社交焦虑，从而刻意回避社交。

患者案例：赞恩的惊恐症发作

我遇到许多患者，他们发现自己的第一次惊恐症发作是一个创伤经历。赞恩就是其中之一。赞恩第一次惊恐症发作是在与朋友乘船航行时，在此之前，他从未经历过焦虑或惊恐。

他们租了一艘小船环岛航行，但船在离岸不远处突然抛锚，没法立刻回到岸边。赞恩不擅长游泳，一想到自己可能被困在船上，他就感到非常恐惧。天气炎热，赞恩又因前一晚熬夜，喝了能量饮料提神，他开始浑身发抖。赞恩以前从未经历过惊恐症发作，当他开始感到"不对劲"时，他不知道自己怎么了。

他心跳加快，烦躁不安，呼吸困难，坚信自己马上要死了。他相信要是自己晕倒，救护车将无法及时赶到这里。赞恩的朋友们迅速把他带回酒店看医生，等他们到达时，惊恐症已经缓解了。赞恩最终得知他那天是惊恐症发作。他跟我说，他的生活从那一天起发生了改变，以后再也没有类似的经历。为了避免触发类似的感觉和经历，赞恩彻底改变了自己的生活方式。他完全从饮食中剔除了所有含咖啡因的食品，并主动避免去那些会引发焦虑或让他想起惊恐症发作的特定情境和地方。此外，他尽量不参加可能引起类似惊恐症发作的活动，以避免引发焦虑和惊恐症。惊恐症发作期间的身体不适确实是极难承受的，但对赞恩来说，这一经历更具创伤。在那一刻，他强烈地感觉到濒临死亡，毫无生还可能。

患者案例：艾玛的惊恐症发作

患者艾玛的案例也能说明惊恐症发作如何成为创伤。艾玛曾在陌生城市参加过特别的工作活动。当时她乘火车返回。艾玛虽然有座位，但火车上挤满了人，过道和门口都挤满了人。突然间，火车在荒无人烟的地方停了下来。起初，艾玛没有太在意，但随着时间的推移，她开始担心起来。广播通知，信号中断导致火车延误，但延误的时间未确定。火车在接近一个小时的时间里没有开动。在此期间，艾玛开始感到身体发热，她注意到自己心跳加快。她感到惶恐，心跳得更快了。她坚称身体不舒服，濒临崩溃。她感到自己被困住了，非常无助，因为火车里人头攒动，而且火车停在荒郊野岭，她无法离开。艾玛呼吸开始急促，身体颤抖，眼泪涌了出来。为了避免尴尬，她拼命将这些反应隐藏起来。在感觉过了一个世纪后，火车终于重新开动了。艾玛形容接下来的旅程简直是一场"生死折磨"。但当她迈下火车向家走去时，她感到了极大的安慰和放松。艾玛咨询了家庭医生，后者诊断她是惊恐症发作，并为防止今后可能再次发作开了药。尽管对下一次发作的可能性感到担忧，但艾玛一直过得很好。直到一天晚上，当她躺在床上，她的心跳再次加快，就像初次发作时那样。她感觉自己又一次经历初次发作的情境，又一次引发了惊恐症。艾玛对身体的感觉非常厌恶，特别是那些能让她想起惊恐症发作的感觉。此后，艾玛会避免一切可能重新体验到这些感觉的情境和地方。

赞恩和艾玛的案例揭示了成年时期的惊恐症发作如何成为创伤的诱因。现在，让我们看另一个病例，其中惊恐症发作是童年创伤经历带来的结果。

患者案例：大卫的惊恐症发作

大卫由于童年时期的创伤经历而患上了惊恐症，这些经历使他对身体感觉的认知产生了重大影响。大卫从小在家庭矛盾复杂的环境中长大，他始终处于紧张状态，不知道会发生什么。这种持续的高度警觉状态从环境延伸到他的身体和感受。他会仔细监视环境中的声音和行为，而某些声音会引发熟悉的身体感觉，让他想起那些剧烈的冲突，就好像这些感觉充当了一种紧急信号，触发了一种"又发生了"的感觉。因此，大卫对身体的任何变化都变得极为敏感，常常在冲突发生之前就陷入惊恐之中。有时，这些情况会导致大卫惊恐症发作。作为一个成年人，大卫仍然对最微小的身体感觉保持着高度警觉。他将这些感觉视为潜在的威胁，于是触发了反复发作的惊恐症。过去的创伤事件已经重塑了他的大脑，使其将身体感觉解释为一种危险和灾难。心率、呼吸或身体感觉的任何变化都会让他陷入惊恐状态。

创伤与死亡焦虑

死亡普遍是令人不安的,可以说,死亡焦虑是在所有阶段影响我们的共同体验。对于一些人来说,死亡焦虑会变成一个严重而令人困扰的问题,严重影响到他们的日常生活。而在某些情况下,这种焦虑可以追溯到初次创伤性事件,与死亡或临终相关的创伤性经历可以发生在婴儿时期、童年,甚至成年阶段。许多人都有被严重创伤的悲惨境遇,导致他们不断地关注生命的脆弱性、自己的存在,以及所爱之人的幸福。

创伤或创伤后应激障碍(PTSD)引起的死亡焦虑在临床试验中有许多例子。这些例子让我们一窥死亡焦虑与创伤之间多样而复杂的联系。创伤或创伤后应激障碍包括突然失去父母或所爱之人、目睹某人的离世、经历严重疾病、遭遇暴力行为,以及其他许多令人痛苦的事件。正常来说,失去所爱之人已经凸显了我们自身存在的脆弱性,但当与创伤性事件相结合时这种影响会加剧。这不仅加强了我们对生命宝贵性的认识,同时创伤本身也会引起极度的不确定性体验。

在我的临床试验中,许多人在突然失去家人后产生了死亡焦虑。在某些情况下，死因来自意外诊断或健康问题，通常伴随着病情的迅速恶化。我所接触的其他患者已有的健康问题令他们受到创伤，导致他们直观体验到生命的危机感。即使这些情况并不危及生命，也足以动摇他们生存的基础，引发对生活确定性的质疑，使其感到生活不再像从前那样确定。

即使完全康复，死亡焦虑仍然存在，因为这种创伤给他们留下了难以磨灭的印象。对于他们来说，生活有了不同的意义。

创伤相关认知

认知是包括经验、知识、感知、判断和记忆在内的思维过程。通过上述例子，我们可以知道创伤性经历是如何导致焦虑问题的。这些经历的共同因素是潜在的认知。那些经历过创伤的人通常会形成特定的思维方式，从创伤性情况中以特定的方式思考，而且这些思维方式通常是自我定向的。这些思维方式受到经历本身的影响，其获得的知识(无论是准确的还是不准确的)、所做的判断、对感知的影响等会固化成记忆。在与患有创伤焦虑症患者打交道的时候，重要的是要使其认识到因经历而形成的信念的重要性。以下是一些可能源自创伤经历的常见认知的例子。

我们现在对创伤经历如何影响焦虑，以及创伤如何扰乱神经系统的功能，从而导致恐惧和焦虑有了深入了解，许多经验可以融入生活中，帮助你的身心感到安全，从而舒缓你的神经系统。让我们接下来深入探讨这些策略，并探讨它们是如何为你带来积极的变化的。

我的经历让我认为……

- 我无法信任他人
- 我别无选择
- 我很软弱
- 我无法信任自己
- 我很失败
- 我无法处理
- 我无法成功
- 我很无助
- 我受到了伤害
- 我很无力
- 我是令人失望的
- 我失去了控制
- 我很奇怪
- 我不安全
- 我毫无价值
- 我处于危险之中
- 我不够好

平复受创伤的神经系统

当个体经历过创伤时，他们往往会被入侵性的形象、令人不悦的回忆、闪回和难以承受的情绪刺激到。治疗创伤的一个关键方面就是学习管理这种强化的激活状态，并平复受创伤的神经系统。这些自我平静的技巧能够减少生理上的过度激活，从而降低误解情境灾难性的可能性。与过去保持距离、与其分离，有助于抑制过度激活，使你能够将过去与现在区分开，提供安全感和保障，而不是在受到创伤性记忆触发的情况下经历更大的痛苦。在承认过去经历发生过的同时，我们无须陷入其中无法自拔，我们可以在平复当下情绪的同时保持这些记忆的完整性。

有时，即使创伤经历已经结束，你的神经系统可能仍然难以平静下来，或者轻易因触发与创伤有关的事物而被激活。创伤可能导致大脑的不同部分发生变化，进而导致大脑的危险监控系统过度激活。即使是最微小的威胁迹象，无论是真实的还是想象的，都可能引发焦虑、压力和不安。采用有助于缓解这些神经系统反应的策略可以促使大脑自然修复，并处理目前深受困扰的创伤经历。这些策略有助于在大脑受到刺激时恢复平衡，因为它们帮助你的大脑学会区分现在和过去，并意识到自己当前没有处于危险中。

康复的一个重要部分是理解创伤留下的痕迹，这是可以理解，也是正常的。当某些事物让你联想到创伤时，你的大脑将你带回那个场景，试图帮助和保护你，这并不奇怪。虽然我们不能抹去一切，但通过一直使紧张的神经系统处于安全和受保护的状态，提醒它危险已经过去，你现在是安全的，我们可以减轻这些创伤影响的程度。

创伤会在身体和心灵留下印记，因此当我们努力平复受创伤的神经系统时，我们需要同时关心自己的身体和心灵。我将描述几种策略，以帮助你应对身体中的生理激活，并在必要时刻关心身体和心灵。这些策略旨在平复神经系统，但需要注意的是，它们不能替代专业的创伤治疗。虽然这些策略可以提供缓解焦虑的办法并提供支持，但应对和疗愈潜在的创伤需要专业人士的帮助。

同时，我希望这些技巧能让你舒服一些，帮助你应对症状。当创伤经历被重新触发时，练习更高级的技能可能有挑战性，因此这里介绍的策略简单易用。正如你将看到的，最好将它们个性化，从而发挥更好的作用，也让它们更符合你的真实感觉。如果这些策略对你来说是陌生的，请给自己一些时间，在平静状态下学习并练习，使其变成你的第二本能。这样，当你最需要的时候，就能更容易地使用它们。

安抚物品

安抚物品是指你可以拿在手中的东西。这个物品最重要的是能给你带来舒适感，它承载特殊的意义，以及具有安抚功能，它可能还带有温暖的回忆。当你感到烦恼或焦虑时，这个物品可以安抚你，帮助你转移注意力。当你感到痛苦和焦虑时，你可以使用这个物品来安抚自己，帮助你转移注意力。你可以使用安抚物品，以及第五章讨论的注意力技巧，真正专注于它具备的安抚功能。如果你的安抚物品可以随身携带，那将会很有帮助。这样无论你走到哪里，都可以带着它，在需要时抱抱它，摸摸它，碰碰它，捏捏它，以此安抚自己。以下是一些安抚物品：

- 一本喜爱的书。
- 一个柔软的玩具，泰迪熊或其他毛绒玩具。
- 一条有特殊意义的围巾或一块手帕，也许还带有特殊的气味。
- 带有香气的物品，比如柑橘水果或薰衣草。
- 一个具有意义的钥匙扣。
- 一块石头或一颗卵石。
- 一个木制的装饰品或物品。
- 一只贝壳。

安抚性场景

安抚性场景的目的类似于安抚性物品，它代表了一个让你感到舒适和安全的特殊场景或情境的可视化表达。这是一个你喜欢待着的地方，一个让你感到快乐的地方，你可以在这里感到平静和满足。你可以在需要安抚自己时使用这些安抚性场景。你能想象一个对你来说具有这种安抚效果的地方或情境吗？在我的临床经验中，我经常问患者："在这个世界上，你最喜欢的地方是哪里？那是让你感到最满足、最平静和最放松的地方吗？"花一点时间想象一下那个地方。它可以是室内的或室外的，安静的或热闹非凡的，甚至是五颜六色的，伴着欢声笑语的。它还可以是你现在或过去的家中的一个房间，一个花园，或者是你最爱的一项活动，比如体育运动、和宠物玩耍，或者水疗体验。以下是一些安抚性场景的例子：

- 珍贵的假期。
- 雄伟的山脉。
- 宁静的雪景。
- 沉浸在宁静的图书馆。
- 在博物馆或艺术馆。
- 在美丽的海滩上放松。
- 在风景美丽的户外散步或跑步。
- 在广阔的水域中游泳。
- 从事创意活动，比如绘画、烹饪或缝纫。
- 在开阔的草地上休息。
- 与亲近的人野餐。

这些例子可以是一些提示，但请记住，你自己的安抚性场景是独一无二的。它是对能让你感到宁静和放松的某个地方或情境的个性化表达。

无论你在安抚性场景中选择了哪种类型的地方，都应尽量为它注入尽可能多的安抚和放松元素。一旦你构想了一个地方，就应当用你的想象力将它生动地展现出来，让自己身临其境，然后环顾四周，仔细观察每一个细节。在想象的空间中漫游，从一端漫步到另一端，不错过所有细节。静静聆听这个特别地方的各种声音——你能听到多少种不同的声音？它们有什么变化？想象一下弥漫在空气中的气味——大自然、食物、鲜花或其他任何怡人的香气。认真感受皮肤——无论你是坐着、站着还是躺着，留意皮肤表面的触觉。思考一下你的皮肤感受到了什么样的天气——是温暖的还是多风的？花些时间集中注意力，使自己完全沉浸在安抚性场景中。

实操练习可以让你的想象更丰富、更有活力。例如，你可以创建一个相册，放入与想象有关的照片，可以是你自己拍摄的，也可以是你在网上或杂志中搜集的。

你可以将这些照片放在日记里，或者整理成电子相册，作为安抚性场景的照片。可以做手工，也可以画画、绘画，或者制作描绘安抚性场景的拼贴画。我注意到，患者在创造一个强大的安抚性场景方面付出越多，在使用时它们产生的影响力就越大。在需要它的安抚功能时，他们可以轻松地沉浸在场景中。花些时间审视你的场景，尽量在一天之内多次练习。你练习使用安抚性场景的次数越多，就越擅长，在你需要的时候也就越容易沉浸其中。

我的一些患者还发现，思考如何从当前位置过渡到安抚性场景也是有帮助的。他们想象一个将自己与想要去的地方联系起来的景象。有些人想象自己在一朵云上飘荡，一扇闪闪发光的门打开，一只手伸出来引导他们，或者有一个所爱的人和值得信任的人陪他们一起走。如果你觉得安抚性景象的照片有用，那就去做吧——它为你提供一个快捷简便的途径通往安抚场所。

安抚性话语

安抚性短语包括让人感到舒适的肯定性词语，可以帮助你保持冷静。它们提醒你是安全的、坚韧的，并且战胜了焦虑。以下是一些安抚性短语的例子：

- 我很安全。
- 我很坚强。
- 我没事。
- 我可以做到。
- 我已经克服了困难。
- 我活了下来。
- 我将继续活下去。
- 我相信自己。
- 我相信我的力量。
- 我活着，我还能呼吸。
- 我在成长。
- 我在疗愈。
- 我度过了艰难时刻。
- 我将坚持下去。
- 我拥有令人难以置信的力量。
- 我勇敢而坚定。
- 我拥有帮助我生存的力量。
- 我可以应对困难。
- 我正在拥抱我的内在力量。

- 我正在从经历中学习和成长。
- 我正在为自己创造一个更有希望的未来。

你的安抚性短语应该对你个人有意义,并让你感到踏实。对于我的患者来说,通常一到三句短语最有效。一旦你有了安抚性短语,要每天说,养成习惯;一天到晚不断重复,把它们写下来,用它们创作艺术品,或者把它们贴在家里的便签上。你也可以在手机或电脑上设置提醒闹钟,在不同的时间显示出来。尽可能频繁地使用这些短语来肯定你的力量、安全和幸福感。所有这些方法都将强化使用你的安抚性短语,在你需要冷静时能够轻松使用。

当你意识到自己的思绪回到过去,回到与创伤有关的地方时,也可以通过使用安抚性短语来安慰自己。承认这是正常的。当你的思绪回到过去时,你会有这样的感觉,并意识到大脑回忆起创伤性经历会产生焦虑,然后提醒自己过去已经过去了,把注意力集中在当下。描述当前的时间和日期,描述你当前正在做什么或即将要做什么,并肯定地说:"我想到了过去,但我现在在这里,而不是那里,我是安全的。"重新将注意力引导到呼吸上，并根据需要重复这个句子。呼吸作为过去与现在紧密相连的纽带，可以帮助你保持镇定。如果你仍然感到不安全，可以考虑写日记，记录下目前安全的证据。即使起初你并不完全相信，这样也可以帮助你逐渐重获安全感。

你还可以直接对神经系统说安抚性短语。跟它说，尽管感到不安全、害怕和惊恐，我也知道如何感受到安全。承认困难的经历已经发生，神经系统需要时间来恢复信心，知道自己是安全的。努力通过善良、同情和耐心帮助神经系统重新学会自我调节。

放松的动作

当我们遭遇刺激，感到害怕、沮丧或痛苦时，身体发生的改变和动作通常会反映出我们的精神状态，我们的行为举止也会发生改变。这些身体动作可以与过去的创伤经历相联系，或者说是我们焦虑状态的一种表达方式。身体动作可以成为心灵体验的一种反映，它可能与过去的创伤经历有关，也可能是我们情绪上的一种表达。各种想法、侵扰性画面、令人不悦的记忆和闪回都会影响身体动作，这些动作（大多数来自瑜伽练习）可以反映出我们所经历的痛苦和困扰。

当你发现自己深受困扰时，也可以通过采用有力的安抚动作来管理情绪激活状态——这些身体动作会让你感到强大，有底气。这些动作是因人而异的，我提供了我与我的患者一起使用的动作，你可能也会发现其他适合你的动作，或者已经知道让你感觉更好的动作。有些人发现站立动作更有帮助，而其他人则更喜欢坐着或躺下。尝试不同的动作，以确定哪种动作对你来说最舒服，哪种动作能让你感到安全、坚强、舒适，或者带给你想要的感觉。同样，一定要定期练习这些动作，这样你在感到困扰和需要它们时才更容易运用，并获得预期效果。如果你对使用这些动作与身体健康或活动能力有任何疑虑，建议在使用之前咨询医生。

我的一些患者发现在练习这些动作时调暗灯光很有帮助。你也可以选择在安静的环境中练习，或者播放你最喜爱的音乐，从而让你感到平静或赋予你力量。无论你选择哪种动作，每个动作都要努力保持几分钟。如果一开始觉得有难度,可以从一分钟开始,随着你慢慢适应,逐渐延长持续时间。找到一个最适合你的时间段,充分体验这些动作的全部好处。

▶勇士式

这个动作是为了扩胸,感到身体的舒展,并让内在力量得以发展。这个有力的站姿可以帮助你获得内在的勇气,找到一个扎实稳固的立足点。

▶力量式

这些充满力量的动作舒展又有力,可以提升力量感和自信心。在第一个动作中,你可以选择伸开手或握成拳头,从而获得最佳效果。

我相信你对这个熟悉的力量动作并不陌生,它能让你感受到力量,并带来非常舒缓的感觉。

▶婴儿式

我喜欢婴儿式,它提供了很好的舒适感,打开了你的髋部并放松了盆底肌,从而激活副交感神经系统。这个系统负责减缓焦虑引发的"战斗或逃跑"反应。此外,它还能拉伸背部肌肉,缓解紧张的感觉,舒缓神经系统。这个动作的另一个好处是让你深呼吸。这个动作还有个变体，你可以在身下放垫子或毛毯，提供辅助支撑。

▶瀑布式

这是一个深度放松的体位，能够平衡神经系统，让你感到深度放松。通过调动副交感神经系统，你可以进入一种平静状态，并有助于减轻压力。这个动作有两种变体：一种是靠墙支撑，另一种是没有任何支撑。我个人不能在没有墙的支撑下保持这个动作，但有些人可以，并能从中找到力量和自信。请选择适合你的动作变体。这个动作可以抵消重力的影响，使心脏得以休息，不再需用力将血液泵送到全身各处。据说这个动作可以帮助降低心率并调节血压，从而减轻神经系统的过度活跃。

▶放松双腿式

做这个动作时，你可以把腿放在椅子上或沙发上。如果你使用椅子，可以在上面放一个垫子，以增强腿部的舒适度。与瀑布式类似，这个动作广为人知，是因为它能够调节血液循环，平复神经系统并减少应激反应。

▶女神式

这是最后一个动作，可以打开胸部和肩膀，营造一种稳定感。它还促使身体向外打开，并对身心都有舒缓作用。同样，这个动作有两种变体：一种能放松身体，另一种能激发能量和力量感。你可以选择一个最让你有共鸣的动作。虽然这个瑜伽动作以"女神"命名，但男女通用。

▶放松身心的自我抚触

多年来，通过与经历创伤的人们交往，我学到了许多不同的方法来修复失调的神经系统。

放松身心的自我抚触也是其中之一：它在难以承受的时刻提供了快速而简单的缓解方法，有助于平复神经系统。以下是我在临床工作中遇到的两个例子。然而，重要的是，要注意你可能会发现其他有效的方式，或者你已经有自己的放松方式。无论你选择哪种类型的自我安抚类抚触，请记住一点，方式要始终如一。当你坚持使用这一方式时，它不断地向你的神经系统和大脑传递"你很安全"的信息，使你能够恢复到一种平静的状态。

一种自我安抚的方式是给自己一个拥抱。紧紧地拥抱自己，尤其是当你感到焦虑、被刺激或不安时，这会让你感到安全和宽慰。你甚至可以想象拥抱那个感到害怕、受伤或需要安慰的自己。首先，将双手交叉放在肩膀上，或者可以将手伸到后背。然后，双手轻柔地上下移动抚摸自己，感到身心的放松。

另一种令人安心的自我放松方式是握住自己的手。这个简单的动作可以在面对害怕的事物时为你提供有力的安慰和支持。当你握住自己的手时，花点时间温柔地提醒自己，你在为那个感到害怕的自己提供支持，支持那个自己。虽然你可能正在经历某种强烈的情绪，但你要向自己确认你是安全的，即使有时候你总是感到不安。

这种自我同情和连接的姿态可以帮助你缓解焦虑，平衡神经系统，培养更强的内在安全感。花些时间承认和认可你的情绪，为自己提供需要和值得的安慰和关怀。

寻求帮助进一步缓解创伤

你完全有可能从由创伤引起的焦虑症状中恢复,即使它们有时会自行缓解,我们的大脑需要时间来处理和理解我们经历过的事情。然而,在症状持续存在且难以随时间推移缓解的情况下,我建议你进一步寻求面对面的帮助。目前的指南推荐两种特定的面向创伤的心理治疗方法:TF-CBT(聚焦创伤的认知行为疗法)和EMDR(眼动脱敏再处理)。我非常喜欢EMDR这一治疗方式!它是我的首选治疗方法,也是治疗创伤的黄金标准。经验证,它对创伤最有效且有科学数据支持。

EMDR已被证明能够迅速减轻负面情绪、令人困扰的形象和记忆的强度。在临床实践中,我目睹过患者在接受EMDR后取得了令人难以置信的进展,这是其他治疗方法无法达到的效果。看到那些人经历过痛苦,并经我治疗痊愈,这种体验实在太特别了。

管理与创伤相关的焦虑的 10 个要点

1. 记住，焦虑问题有多种成因，涉及环境、社会、生物、性格和其他因素。创伤也是导致焦虑问题的一个因素。

2. 区分创伤和创伤后应激障碍(PTSD)很重要。创伤是指痛苦事件或经历引发的情感反应，而PTSD是一种特定的心理健康障碍，源于直接经历或目睹重大创伤事件。

3. 请注意，创伤不是正式的临床诊断，而是用来描述对难以承受的经历引发的情感反应的术语。许多人在生活中某个时候都经历过某种形式的创伤。

4. 创伤性经历可以让人感到极度不确定和无能为力。请记住，不论事件大小，某一事件对你个人的影响才是真正重要的。

5. 请注意，创伤会导致思维、情感反应、感知和反应方式的改变。这些变化通常会影响神经系统，使人变得紧张不安。

6. 你要明白，创伤经历可能会导致广泛性焦虑、健康焦虑、社交焦虑和惊恐症。

7. 你可以使用自助策略来缓解与创伤相关的焦虑症状，尽管有些人可能也需要寻求专业的面对面治疗。

8. 使用舒缓策略来帮助自己。由于创伤留存在身体和心灵中，有意地放松身心在解决神经系统方面的问题可能会有效。

9. 有许多自我舒缓的策略可以平衡你的神经系统，包括使用、想象宁静的图片或短语，以及选择舒缓的动作。坚持练习这些方法，才能巩固效果。

10. 通过采用定期的富有同情心的自我舒缓策略来帮助自己疗愈神经系统。你可以的，因为你已经做到了。

尽情跳舞吧

你知道吗？跳舞不仅对身体健康有益，对心理健康也很有帮助。科学研究表明，跳舞是缓解焦虑的有效方法。当你跳舞时，大脑会释放出内啡肽，这是一种让你感到快乐和积极向上的天然化学物质。跳舞时身体不断活动，还有助于降低体内皮质醇的水平，这是一种与压力和焦虑相关的激素。

那为什么不放点音乐，旁若无人地在厨房里尽情跳舞呢！这是一种减轻压力、享受乐趣的好方法。如果你愿意，无论是参加课程还是参与社交活动，与朋友一起跳舞也可以减少社交孤立感。

第十章

我如何继续前行

这一章集中讨论对精神和身体的维护，帮助你规划一份通往更加宁静的未来的路线图，使你能够摆脱当前状态向前进，并有效地管理未来的焦虑。想象一下，你的精神和身体就像一个需要持续呵护和关注的花园，你如何确保这个花园持续得到照料呢？就像照料花园一样，你需要定期除草，保持警惕，并坚定地执行那些有助于花园茁壮成长的策略。你也需要制订计划，并主动应对不可预测、有风有雨的天气情况。有远见/有预见性的方法将有助于你保持冷静，帮助你为巩固新思维和行为方式制订持续成功的计划，并且保持心理的健康。

战胜焦虑不是只需采取一些策略就可以一蹴而就的任务，它需要持续不断地实践，保持一定频率，以加强必要的方面。花园的比喻有助于说明这一概念。想象一下，你的精神就像一个生机勃勃的花园，里面是一片翠绿的草坪，还有五颜六色的花朵、高耸入云的树木、优雅的攀缘植物和修缮良好的树篱。这个花园是你的庇护所，就像照料花园一样，你需要精心培养、照顾植物。你的精神家园同样也需要关注和呵护，拥有健康的思维才能保证其茁壮成长。此外，令人困扰的思维就像花园里的杂草，需要定期清除。当你等待植物生长并目睹季节更迭时，保持耐心是关键。一个杂乱无序的花园会失去吸引力，因此定期造访、仔细观察和耐心地维护你的精神状态至关重要。应专注于你可以改变的事物，利用你掌握的策略，并接受不可避免的偶然出现的挫折。并且，以这些时刻为契机进行反思和学习，以恢复内心的平静与平衡。

识别需要关注的领域，以实现你期望的状态，并致力于保持它们，同时承认生活中存在难以预料的事物。致力于在你的精神世界中建立一个岁月静好的庇护所，给你带来快乐和满足感。你的精神花园能否保持活力，取决于你是否持续打理和维护，是否为其生长和整体健康提供必要的养分。你在建立的精神花园中投入越多，它就会越欣欣向荣，充满生机。

保持练习

有了本书中概述的一系列策略，你现在有许多方法来应对和管理你的焦虑问题。在我的诊所和社交媒体上，人们经常问我："我该怎么办？请告诉我到底该怎么做？"正因如此，这本书才提出了许许多多切实可行的建议。《10倍的平静》为你提供了一个全面的方案来战胜焦虑。你现在拥有许多可以帮助你实现并保持内心平静的策略。要使这些技能成为你的下意识反应，大量的练习至关重要。这种实践对成功克服你的焦虑问题至关重要。

练习得越多，你取得的进步就会越大。当仍有需要改进的空间时，你就会变得更容易受挫折的影响。当你面向未来的压力源时，触发因素和症状也可能会重新出现。要努力将焦虑降到最低水平，专注于在对你最有效的策略上花时间，并不断提高应用能力，并牢记本书中介绍的10个关键概念，它们按照章节顺序列在下面。花点时间回顾它们，并明确需要进一步关注的领域。如果你发现有需要额外努力的地方，请重新阅读相应的章节，并在这些特定领域继续努力。长此以往，你将能够在战胜焦虑的旅程中持续取得进步。

1. 对自身的焦虑保持良好的理解，保持对其存合理性的认识。

2. 采用一种不同的方式来处理焦虑,将接纳和灵活心态视为一种新的存在模式。

3. 继续采用激活身体放松反应的练习以平复紧张的神经系统。

4. 坚持努力管理焦虑的思维,解决夸大其词的倾向,因为这是所有焦虑问题的核心所在。

5. 继续练习,强化自身将注意力从引起焦虑的刺激点转移开的能力。

6. 继续使用情绪调节策略来缓解通常伴随焦虑的强烈情绪。

7. 通过积极参与提高你对不确定性的容忍度的活动来增强你驾驭不确定性的能力。

8. 通过解决安全行为和回避问题来直面自身的恐惧。

9. 认识到与创伤相关的焦虑可以通过持续运用安抚策略来平复你的神经系统从而加以控制。

10. 保持积极主动地持续管理你的焦虑,避免回到旧的应对机制的诱惑从而引发焦虑再次出现。

创建一个迷你工具包

《10倍的平静》一书介绍的所有策略中,哪三个成为你最喜欢的策略,并在控制焦虑方面对你最有帮助?在你的日记或电子笔记把这些记录在一个"小工具箱"里,确保你能够继续使用这些有效的策略。你可以将这个迷你工具包作为一个在你需要即时支持时快速获得的参考指南。下面,让我用一些患者的例子来说明。在你阅读完这些例子之后,我鼓励你创建一个属于你自己的迷你工具包,突出显示那些最有效、经常使用或对你的需求至关重要的策略。这将成为你在不断战胜焦虑的旅程中的一个快速、宝贵的参考。

患者案例:露西的基于思想的迷你工具包

让我们从我的患者露西开始,她主要与她的思想斗争。相较于直接假设最糟糕的结果,露西更倾向于坚持参考她的迷你工具包,其中包括应对最糟糕情况的思维策略(任务15)。

这使她能够以一种不径直得出消极结论的方式来对待她的思想。此外，露西不得不承认，即由于过去的恐惧，她的大脑已经养成了往最坏的情况想的习惯。她意识到她的大脑产生这些想法是为了帮助她，但她也意识到如果想要克服这个习惯，就需要改变自己的反应，以不同的方式对待它们。她偏爱的接收工具是诵读她的接受肯定句，她可以凭记忆做到这一点(参见任务6，以了解如何做到这一点)。此外，露西努力用"即使如此"取代了她的"如果如此"，如任务17"如何应对'万一'思维和以问题为基础的思维模式"所述。

患者案例：贝拉的基于身体感觉的迷你工具包

贝拉曾深陷过度关注身体感觉的症状，这导致她经常在网上搜索相关症状。作为她迷你工具包的一部分，贝拉把更多的时间投入她最有效的策略中，即使用第五章"扩大关注范围的8个技巧"中的方法来扩大她的注意范围。除此之外，贝拉还补充了一些有规律的放松活动，并充分利用呼吸练习和放松练习。除此之外，贝拉喜欢的策略涉及继续练习并增强她面对不确定感的能力，如第七章所述。

患者案例：穆德的基于回避的迷你小工具包

穆德与较高程度的回避心理做斗争，并将有效的策略融入他的迷你工具包中。穆德采用面对自己恐惧的工具，使用了"面对你的恐惧"的4步法，逐一解决它们，直到他达到自己的目标。这包括面对与身体感觉相关的情况、地点和恐惧。此外，穆德利用一些策略来帮助他接受和观察自己的情绪，使用任务22"通过正念观察来拥抱你的情绪"，这使得他可以采用不同的方法，而不是回避。

克服挫折

挫折是战胜焦虑的过程中会遇到的常见的情况。挫折只是在某些特定时刻发生的似乎会加重焦虑的事情。虽然挫折会让你觉得自己所取得的进步毫无意义，但实际上是某些事情导致一种脆弱性，触发了焦虑症状，这种复发让你觉得自己回到了原点。但事实并非如此。有时候事情会出错，或者并未按照计划或我们所期望的那样进行。如果发生了这种情况，不要将其视为失败，也不要认为你回到了起点。这是一个巩固技能的机会。将挫折视为一个不愉快但暂时的状态，你将会比刚开始时更快、更有效地克服它。这一次你知道该怎么做，这才是你最大的优势。

虽然挫折可能会让人感到不愉快，但在某些方面它们可能会有所帮助。它们为我们提供了关于需要进一步努力消除痛苦根源的宝贵信息。

反思挫折让你更了解自己和焦虑，使你能够明智地选择接下来该怎么做。以下是在反思和从挫折中学习时需要考虑的事项。

- 反思你为什么会遇到这个挫折。这是不是一个反复出现的模式，还是说你以前以类似的方式遇到过类似的情况。它的再次发生有何原因？

● 反思为什么你经历这个挫折是可以理解的。以前发生过类似的情况吗？这是你熟悉的模式吗？

● 明确导致挫折的触发因素。

● 根据你发现的最有效的方法，确定可以用于有效应对这一挫折的技能。

● 考虑其他可能导致你容易遭受此次挫折的因素，比如疲劳、睡眠不足、忽视自我护理活动或经历孤立感。

考虑这些因素将有助于确定需要改变的领域，并有助于培养自我理解和自我关怀。遭遇挫折后避免责备自己，因为这只会让你的情绪更糟，可能会阻碍你的进步。相反，要认识到，挫折是有潜在原因的、可以理解的反应。即使你没有遇到重大挫折，也要注意任何事情开始出现问题的迹象。如果你注意到小问题开始出现，就应当积极地利用你的策略及时解决它们，防止它们恶化。

未雨绸缪

正如我们可能会提前准备详细的路线图、合适的装备和训练以应对爬山等身体素质挑战，我们也可以将同样的方法应用于管理焦虑挫折。与其依赖最后关头的临场发挥，事先准备一个周详的计划会更加有益。把这个计划看作你个人用于应对焦虑挑战的工具箱，通过事先准备好一个计划，你能够有效地应对并最小化未来挫折的影响。这就像拥有自己定制的策略，可以在你最需要的时候直面焦虑。因此，花些时间制订你的计划，并确保其中涵盖对你最有效的应对机制和技巧。正如充分的准备可以提高你在体力挑战中成功的机会，量身定制的计划也可以增强你对焦虑挫折的抵抗力。

患者案例：穆德的计划

之前介绍过的患者穆德明白，如果他注意到自己陷入新的回避行为中，那么这将是一个信号，即需要执行他的预防计划，以防止回避行为进一步恶化。他的计划涉及直面和出现在他想要避免的情境或地方。如果需要，他会使用相关的技巧，如扩大他的注意范围、放松或转移注意力，以达到目的，这样他就不会那么专注于身体感觉。此外，穆德还一并评估了触发他回避行为的想法。

例如，如果他因为担心"我可能会被困住，无法寻求帮助，可能会心脏病发作"而拒绝了去看电影的邀请，那么他会评估这种情况发生的可能性。穆德的预防计划包括三个关键元素。首先，他对新的回避模式的出现保持警惕，意识到这可能是焦虑升级的指示标。此外，他注意到自己是否有任何过度关注身体感觉的倾向，因为他知道这可能会加剧焦虑。最后，穆德认识到准确评估灾难性思维的重要性，质疑其有效性，并评估其是否符合现实情况。通过结合这三个策略，穆德为自己准备了一个有效的预防计划。

提前思考并制订你的计划

在本节中，我们将深入探讨准备一份在需要时可以随时部署计划的过程。拥有一个准备好的计划将减少反复出现的焦虑对你的影响，并降低以加剧焦虑的方式做出反应的可能性。它还将防止你重新陷入可能习惯的旧的应对行为的思维中。为了创建你的预防计划，你有必要检查四个关键方面：识别潜在的触发因素、观察思维模式的变化、注意行为的任何变化，以及考虑即将发生的事件。让我们更详细地看看每个领域，当你逐步进行时，请务必记下你可以后续使用来制订计划的笔记。

识别可能的触发因素

花一点时间回想一下你通常会遇见的触发因素，并参考回顾你在第一章练习中所做的笔记(任务2：识别你的焦虑诱因)。从你过去的经验中找出可能导致未来焦虑再次出现的潜在诱因，并将其记录下来。此外，回顾你曾经感到特别脆弱的时刻。以下是一些常见的触发因素：

- 经历焦虑时的身体感觉。
- 患有轻微疾病。
- 遭受生活压力。

- 经历一段睡眠质量差的时期。
- 食欲不佳。
- 必须参加活动。
- 必须出行。
- 必须与他人在一起。
- 必须参加健康预约。

识别思维上的变化

当焦虑再次出现时,注意你的思维模式可能发生的变化非常重要。注意,你消极或灾难性的想法是否增加了,是否发现自己期待最糟糕的结果并沉湎于潜在的危险中。注意,不要陷入反复思考和沉思的怪圈中。留意你是否陷入"如果"情景的设想,不断地想象和担心负面结果。这些思维模式通常倾向于一种害怕的态度,会加剧焦虑和压力。

如果你发现自己再次出现这些倾向,请记录下来。记住,认识到思维上的这些变化的重要性,你才能够重新开始实践应对焦虑思维的策略。以下是焦虑再次出现时常见的一些思维类型的例子:

● 我知道一些可怕的事情即将发生。
● 这种情况将以灾难告终。
● 如果事情出了差错,我将无法处理。
● 没有人喜欢我或愿意和我在一起。
● 如果发生坏事我无法处理怎么办?
● 如果我在大家面前出丑怎么办?
● 如果人们评判我或对我产生负面看法怎么办?
● 我不会在会议上发言,因为我害怕被别人评头论足。
● 我的心在狂跳,我一定是心脏病发作了。
● 我感到头晕眼花,我要晕倒了。
● 我头痛,一定是严重疾病的迹象。
● 我不能参加社交活动,那将会让我不知所措。
● 我会避免在高速公路上开车,因为我可能是惊恐症发作。

识别行为上的变化

花一点时间考虑任何和行为有关的迹象,这些迹象可能表明你正在回归到不利的焦虑思维模式中。反思一下你可能开始采取的行动或你可能停止做的活动。与穆德类似，也许你会注意到自己倾向于更多地回避某些事物。

请找出脑海中任何你回避的具体例子，比如那些在焦虑时可能重新出现的像摸木头这样的迷信行为或举动。以下是一些常见的焦虑相关行为，可以帮助你进一步识别。

- 进行自我监测和过度自我分析。
- 检查行为增加，比如不断检查/审视自己或在互联网上寻找安慰。
- 因为它们会引发焦虑，所以避免特定的地方或情境。
- 做出了焦虑导致的行为，其实不必这样做。
- 向他人寻求过多的安慰。
- 停止使用放松技巧或应对策略。
- 退出活动和社交互动。
- 求助于安慰性饮食或使用酒精/药物作为应对机制。
- 因为焦虑饮食过量或不吃。

回顾你在应对焦虑时所表现出的行为可能对你有所帮助，就像在第一章中讨论的那样。如果需要的话，请参考任务4"我对焦虑的反应"。列出你的焦虑行为清单，并确保随时可用，以防止这些行为悄悄复发。此外，可以考虑寻求亲人的意见，我们身边的人往往比我们先注意到我们行为上的变化。

如果他们注意到你表现出清单中的某些行为，请他们礼貌而敏感地提醒你。你也可以询问他们在你变得更焦虑时是否注意到了任何一般性的变化，并将这些行为添加到你的清单中。

考虑即将到来的活动

我建议使用日历来确定即将到来的可能会使你更容易受到焦虑影响的事件，这些事件可能包括假期、离家外出、婚礼、工作活动或社交聚会。展望未来一个月、三个月、六个月，甚至明年，以确定可能导致焦虑的情况。你如何确保在这些事件临近时迅速察觉到任何新出现的症状呢？此外，考虑一下在这些事件临近时是否有特定的策略可以帮助你。

患者案例：贝拉的预防计划

提前考虑	示例	计划
哪些事情可能会再次触发我的焦虑？	经历一个新的身体感觉，或者旧的感觉再次出现。得小病，比如感冒或喉咙痛。	我可以重新阅读书中相关部分，巩固我对焦虑如何产生身体感觉的理解。我可以使用接受度技巧，允许不适在短暂的轻微疾病期间存在。
我的思维可能会如何变化？	我会开始产生更多焦虑的想法。我会花更多时间思考我的焦虑想法，这会让我变得更加沉默和孤僻。	我可以回顾焦虑想法章节中的策略。我最有效的策略是处理最坏情况的想法和"如果"想法。
当我的焦虑再次触发时，我会开始做什么，甚至可能避免做什么？	我会开始密切关注我的身体，观察它，也会进行检查。我会重新开始上网搜索。我会向我的丈夫寻求越来越多的安慰。我会停止做有趣的事情，变得更加沉默、安静。	我可以使用耐受痛苦和不确定性的工具，帮助抵制检查冲动和寻求安慰。我需要增加使用注意力技巧的频率，以确保我没有过度关注身体。我会查看趣味活动清单，并安排一些活动，让我忙于充实的活动。

续 表

提前考虑	示例	计划
哪些即将发生的事件或情况可能导致焦虑增加?	对我来说,出差是一个大问题,我讨厌离开家。我总是认为会发生不好的事情。	我可以使用焦虑想法章节中的工具,尤其是"评估"的工具。

既然已经涵盖了四个关键领域,即识别触发因素、观察思维模式、注意行为变化和考虑即将发生的事件,那么现在是时候根据你所做的记录创建自己的计划了。可以参考贝拉的示例计划,并保持你的计划能够灵活调整,因为情况可能会发生变化,你可能需要修改。拥有这样一个计划将使你能够在挑战出现之前积极应对。这对于焦虑越发加剧、思维变得不那么清晰、有效解决问题这一过程变得更加困难的情况尤其有帮助。通过拥有一个可以在你注意到焦虑加剧迹象时参考的计划,你可以更轻松地度过这些时刻。

生活方式建议

成功不仅是减轻压力和痛苦,它还涉及关注整体健康，以增强你的内在资源。焦虑问题会耗尽你的精力，占据大量的心理空间，主导你的思维。你为管理或控制焦虑所付出的努力会消耗时间和精力。随着你开始感觉好转，你的焦虑会变得不那么沉重，你会发现自己有更多的时间和精力。考虑如何利用这些时间和精力，建立增强你的进步并减少未来焦虑问题脆弱性的生活方式因素至关重要，这意味着创造一个让你感到快乐的充实而有吸引力的生活。以下是一些帮助你进一步探索的想法。

- 反思一下由于焦虑而无法从事的活动，有哪些事是你希望能做到的？
- 有没有你曾经喜欢的爱好或体育活动是你想再次参与的？花些时间研究一下如何重新参与其中。
- 什么能吸引你，让你感到愉悦并对你很重要？努力参与这些兴趣活动。
- 如果你以前没有任何兴趣爱好，可以参考本书最后的"趣味活动清单"寻找灵感，看看清单上是否有你想尝试的活动。
- 有没有家务一直想要学习，比如整理、装饰、园艺、DIY或学习新的烹饪技巧？

- 你是否想对你的工作、生活做些改变，比如重返职场或探索不同的职业道路？也许焦虑阻碍了你追求这些目标。可以考虑一些进一步探索这些想法的行动，比如参加课程提升知识，或与导师或职业顾问交谈。

- 你想如何处理你的社交关系？在与其他人共度时光方面，想不想做出任何改变？保持充足的社交联系对于保持良好的心理健康至关重要，你能重新联系上许久未联系的朋友吗？

- 查看你的友谊关系，确认那些让你感到受重视和舒适的人。你能花更多时间来培养这些关系吗？如果你有兴趣建立新的社交联系，是否有符合你兴趣并提供结识志同道合的人的机会的休闲活动？

- 你已经意识到了体育锻炼对心理健康和身体健康的益处。定期锻炼能够带来愉悦感，增强体力，改善心血管健康，并降低受伤的风险。你想尝试并定期参与哪些类型的体育活动？

- 在可能的情况下尽量保持生活平衡，在个人时间、休息时间、睡眠时间和营养膳食之间进行平衡。

记录你的进步

承认自己的成就,给予自己应得的赞扬和奖励。庆祝你的进步将有助于保持积极的心态。记住,成功不是立竿见影的,也不是一蹴而就的。保持前进,记住你在朝着战胜焦虑和实现最终目标的道路上,迈出那些小但重要的步子。这些小小的胜利很容易被忽视,特别是如果你对自己的焦虑持批评态度或者认为自己是脆弱或不够优秀,那么更容易如此。许多人会陷入这样的思维陷阱:"如果我还没完全好转,那么一切都不值得。"如果你觉得自己已经尝试了多年仍没有什么起色,你可能会将其视为失败。请试着以不同的方式看待这个问题:这不是失败,而是一个学习经验的机会。你已经对无效策略有了认识,从而放弃了它们,要继续寻找那些有效的策略。人们往往会严厉批评自己,专注于自己的失败和缺点,而忽视了成功经验,尤其是那些较小的成功经验。

在庆祝和接受进步时,无论是重大的还是微小的成功,人们都会感到不适或者尴尬,这是很自然的。

你可能觉得批评自己没有取得更快的进步会让自己感到更舒适，但是沉迷于过去遇到的挑战或者你与焦虑共处的时间只会挫伤你进步的动力。你需要动力来推动你朝着期望的目标前进。其中一部分是摆脱自我批评，并且承认和庆祝成就，这样你才能够保持动力和势头，并认识到进步使大脑能够承认你在战胜焦虑方面所取得的进展。

那么，如何记录自己的进步呢？你可以使用笔记本或者日历来记录，每周安排一个特定的时间来反思整体进展并记录所完成的事项。记录下这些成就不仅可以提升你的信心，还可以强化"你的努力是有效的"这一观念。即使你最初对自己记录下的积极成就评价并不高，也要继续记录下去。在你记录的内容与实际情况保持一致时，它们仍然可以对你的思维产生积极影响，重新塑造你的认知。认识到你的成就还会使你精力充沛。你的大脑渴望这种积极的反馈，以及对成就进行奖励。大脑有一个奖励回路能够调节人体验愉悦的能力。当这个回路被激活时，大脑会释放一系列的脑电波信号和化学信号，产生成就感、自豪感和幸福感。这是一种美妙的感觉，它激励着你继续前进，取得更多成就。

奖励不一定需要奢侈或昂贵的物质财富。在我看来，沉浸在给你带来快乐的经历中可能比物质奖励更加充实和满足。

考虑一些真正让你快乐的活动。你喜欢做什么？列出几件你可以放纵自己的事情。这可能是一些简单的事情，比如去开车兜风、做一顿特别的饭菜或饮料、看一部你喜欢的电影，或者其他取悦自己的方式。拥抱你的进步，品味在前进的过程中给自己的奖励。

展望未来的自己

想象是用于解决各种心理健康问题的强大工具，有大量证据证明使用想象这一技巧可以缓解焦虑。此外，人们普遍认为，想象和意象可以改善健康状况，降低血液中的皮质醇水平，缓解疼痛，提高睡眠质量。想象包括视觉、听觉、触觉、味觉和嗅觉等感觉，从而产生丰富的多感官体验。通过将注意力集中在这些感官方面，以及图像、思维和情绪上，你可以获得情境中有意义的元素。以下练习简要说明如何练习想象自己的进步，展望未来的自己。最后这个想象技巧的目的是为你提供一个平静练习，让你放松并珍视所取得的进步。它也是一个工具，让你乐观积极地设想一个没有焦虑的未来。在尝试之前，我建议你通读整个练习，甚至考虑录制一个音频版本，以帮助你在练习时放松，并听清楚说明。请随时练习，尽量定期训练，哪怕每周只有10分钟。

任务32　想象练习

找一个舒适的姿势，可以坐着，也可以躺着。

深呼吸几次，通过鼻子缓慢吸气，屏住呼吸几秒钟，然后通过嘴巴缓慢呼气。

放松，开始这个姿势，感受身体进入平静状态。

拥抱沐浴时的宁静感。

注意你的身体和坐着或躺着的东西之间的接触、压力和温度差异。

开始设想你想要成为什么样的人，当你想象

一种没有焦虑的生活时，你希望如何看待自己。这个形象是什么样子？

注意到在没有焦虑状态下设想自己的感觉是什么。

现在，想象一个最喜欢的颜色，一个让你感受到宁静、满足和放松的颜色；想象这种颜色出现在你身边，并穿过你的身体。

注意在这个想象中你感受到的安全感和舒适感。

看着自己，与你所设想的宁静联系在一起。

观察你周围的环境。你是不是转移到了一个特定的地方？如果是，你在哪里？

在这个想象中你看到了什么？

调动你的听觉。在这个想象中你听到了什么声音？是自然的声音，宁静的音乐，还是其他什么声音？这些声音可以丰富你的体验。

调动味觉。你想象有什么味道和气味？想象享受美味的东西，让你感到宁静和放松。

注意当你设想自己处于这种没有焦虑状态时产生的感觉。

记下在这个想象中包围着你的安全感和舒适感。

当焦虑消失时,设想自己参与各种活动。观察自己能够执行这些动作的感觉。

凝视自己,与你所看到的宁静建立联系。

向你所设想的未来的自己提问是否能分享信息,这能进一步帮助你的智慧。

承认未来你的自我会认识到脆弱可能存在,但也接纳了你的力量和勇气。

你正在设想的人代表了你渴望成为的人,也代表了你现在的自己,以及你已经取得的并将继续取得的进步。

你想结束的时候就可以结束。当你准备好时,请把注意力转回到呼吸上,深呼吸几次,然后逐渐把注意力转回到身体上。注意轻轻地动动手指和脚趾的感觉,然后轻轻动动身体的其他部分,注意力将回到你所在的房间。

切换场景！

当焦虑来袭，迅速改变所处环境可以非常有帮助，远离触发焦虑想法的情境可以打破焦虑行为的重复模式。这并不是在回避你不喜欢的事情，也不是在逃避，而是将自己从助长焦虑的情境中转移开。举个例子，假设你坐在电脑前，焦虑的想法开始涌现，然后产生了一个不好的冲动，你想上网去搜索。在这种情况下，你可以走到另一个房间，泡一杯茶，走到外面，甚至做一件小事。这种场景的转变可以让你获得新的视角，摆脱被困的感觉。置身于新的环境中可以提供不同的刺激，有助于将注意力从焦虑的思维和冲动中转移开来。

最后一点：

祝你一切顺利，希望你在继续这段多变的旅程中获得10倍的平静。感谢你信任我，让我成为你旅程中的伙伴。

前进的 10 个要点

1. 接受定期关心和关注精神和身体的原则。就像花儿一样，它们需要持续地呵护才能茁壮成长。

2. 回顾提出的10个关键概念，确定需要进一步关注的领域，并重新阅读相应的章节，在这些特定领域继续取得进展。

3. 反思本书介绍的策略，确定对你最有帮助的那些策略，创建一个迷你工具包，将它们记录在日记或电子笔记中，从而快速查阅这些策略。

4. 请记住，挫折是旅程中正常

的一部分，可能会在特定事件或情况触发焦虑时发生。挫折并不会抹去你所取得的进步；相反，它们表明了一时的脆弱。

5. 培养一种积极向上的心态，专注于强化积极变化的记忆并为持续的成功做计划。

6. 采取积极主动的态度，提前计划实施策略，减轻潜在未来焦虑触发因素的影响。认识到焦虑加剧时思维和行为可能会发生变化，并注意即将发生的事情，哪些事情可能会加剧焦虑的脆弱性。

7.利用以前花在焦虑上的时间和精力，参与活动，丰富生活，提高生活质量。

8.庆祝和认可你的成就，无论大小，这都是保持积极的态度和保持动力的手段。

9.定期利用想象力的力量促使焦虑症状缓解，提高整体健康水平。

10.永远不要低估努力的价值，始终记住和欣赏你所取得的成就和进步。最重要的是，坚定不移、坚持不懈地向前迈进。

寻求合适的专业帮助

如果你需要进一步的专业帮助，建议去咨询你的医生，他们可以提供指导和支持，帮助你探索更多的途径。以下信息也可能对你找到合适的心理健康专业人员有所帮助。尽管我的专业知识主要集中在英国的医疗体系上，但全球范围内也存在类似的公共和私人医疗机构、监管机构和认证机构。

提醒：在英国，个人在法律上被允许自称为心理治疗师，而不考虑他们是否经过培训或具备资质。虽然一些从业者多年接受培训，但也有些人可能只完成了为期6周的短期课程，甚至根本没有接受过正式的培训。因此，我建议寻找受监管的专业人员。

受监管的专业人员

受监管的心理健康专业人员受法律规定约束，必须在负有保护公众利益职责的政府机构注册。这类监管涵盖各种专业，包括：

- 临床心理医师——在健康与护理专业理事会（HCPC, Health and Care Professions Council）注册，并获得英国心理学学会（BPS, British Psychological Society）的认可。
- 咨询心理医师——在健康与护理专业理事会注册，并获得英国心理学学会的认可。
- 健康心理医师——拥有健康心理学资格，在健康与护理专业委员会注册，并获得英国心理学学会的认可。
- 精神科医生——接受过医学培训，并在皇家精神病学学会（Royal College of Psychiatrists）注册。
- 注册精神健康护士——在护理和助产理事会（NMC, Nursing and Midwife Council）注册。

EMDR从业者

EMDR是一种复杂的治疗方法，只有经过适当培训的合格从业者才能进行。你可以通过以下渠道获取更多EMDR从业者的详细信息：

- EMDR学院治疗师目录：emdracademy.co.uk/find-a-therapist
- EMDR协会列出了英国和欧洲的认证治疗师：emdrassociation.org.uk/find-a-therapist
- EMDRIA是EMDR国际协会，你可以在此找到全球范围内接受过EMDR培训的从业者：emdria.org/find-an-emdr-therapist
- EMDRAA - 澳大利亚EMDR协会：emdraa.org/find-a-therapist

如何找到合适的专业人士

即使你遇到正规的专业人士，也建议你进行一些尽职调查，以确保他们是最适合帮助你解决困难的人。不同的人提供的帮助效果可能会有很大差异，因此了解如何获得最好的支持至关重要。以下是你可能希望考虑的一些要点：

- 请始终询问从业者的资质和培训情况，

包括他们接受培训的时长。一位信誉良好的从业者将会很愿意分享这些信息。如果他们不愿意或有防备心理，建议考虑另寻他人。

- 与从业者讨论他们是否计划与你共同设定治疗目标。
- 就你提议的具体疗法向从业者询问，包括其在你存在的特定问题上的证据基础和基本治疗模式。
- 查阅相关阅读材料或资源，从而更深入地了解更多的方法。
- 询问从业者是否会就解决你所面临的

问题提供直接建议,或者他们不会提供直接建议。

- 了解从业者确定你的疾病进程的方法,并询问就诊频率,以及病症未能减轻时他们通常会采取的措施。
- 讨论从业者在处理你所面临的特定问题方面的专业知识和经验。你甚至可以询问他们曾治疗过类似患者的数量。
- 了解预估的建议疗程次数。针对焦虑症等心理障碍的临床指导,通常建议12~15个疗程。

焦虑的常见症状和感觉

在这里，我列举了焦虑的常见症状和感觉。我知道对许多患者来说，身体感觉可能是巨大压力的来源，因此随时掌握这些信息可能很有帮助。这个列表并不是详尽无遗的，可能还有其他没有列出来的症状或变化。为了让你更容易找到相对应的选项，我将症状和感觉分成不同的类别。我提供这些信息的目的是帮助你更加轻松地理解各种焦虑症状的类型。

影响整个身体/全身性感觉

- 疼痛和不适感
- 紧张和僵硬感
- 肌肉疼痛
- 背部和肩部疼痛/紧张
- 肌肉搏动感
- 肌肉悸动感
- 肌肉无力感
- 烦躁不安感
- 不安腿综合征
- 脚软/腿抽筋
- 腿乏力
- 身体颤动感
- 身体电击感
- 身体颤抖感
- 身体震颤感
- 身体刺痛感
- 身体有尖锐痛感
- 浑身疼痛

- 嗡嗡的感觉
- 射击的感觉
- 脉冲的感觉
- 振动
- 感觉身体沉重
- 麻木
- 疲劳又兴奋的感觉
- 精力过剩
- 无法放松
- 体重增加
- 体重减轻
- 体温变化
- 感觉太热/太冷
- 突然有冷/热的感觉
- 出汗过多
- 盗汗
- 感觉不稳定
- 敏感反射
- 感觉敏感

头部感觉

- 眩晕
- 头晕
- 感觉要晕倒
- 摇摇欲坠的感觉
- 头痛
- 头部遭受电击感
- 头部压力感
- 头皮疼痛
- 头皮刺痛感
- 大脑意识模糊
- 面部/头部灼热感
- 面部/头部发热感
- 面部麻木感
- 喉咙有块状物感
- 喉咙紧绷感
- 吞咽困难
- 呛咳感

- 心因性咳嗽
- 嘴巴刺痛/麻木
- 舌头感觉异常
- 下颌疼痛
- 嘴巴磨牙
- 过度打哈欠
- 颈部疼痛
- 头部周围有紧绷感

心脏/胸部/呼吸系统感觉

- 胸痛
- 胸部不适感
- 胸部颤动感
- 胸部紧绷感
- 胸部压力感
- 胸部震颤感
- 胸部颤抖感
- 胸闷感
- 胸部发热感
- 胸部被射中的疼痛感
- 肋骨紧绷/压迫感
- 肋骨周围有紧绷感
- 胸部周围有紧绷感
- 心悸
- 心跳加速
- 心跳过快
- 心律不齐
- 心脏颤动感
- 左臂疼痛
- 呼吸急促
- 对氧气需求增加
- 感到缺氧
- 呼吸困难
- 感到窒息
- 喘不上气
- 气短

胃/膀胱/肠道

- 恶心
- 呕吐
- 绞痛
- 胃部不适感
- 食欲变化
- 渴望高脂/高盐/高糖食物
- 尿频
- 尿急
- 尿不尽
- 急需排便
- 便秘
- 腹泻
- 嗳气/打嗝

皮肤感觉

- 发炎
- 脸红
- 皮肤黯淡
- 皮肤刺痛感
- 皮肤灼热感
- 皮肤痒
- 皮肤敏感
- 皮肤麻木感
- 皮肤刺痛感

睡眠

- 失眠
- 难以入睡或容易醒
- 逼真的梦境
- 突然惊醒
- 夜间醒来
- 睡眠麻痹
- 夜间惊恐症发作

耳朵相关的感觉

- 耳鸣
- 幻听
- 钟声
- 嗡嗡声
- 咝咝声
- 跳动感
- 听觉敏感
- 耳朵里有噼啪声
- 压力产生疼痛感
- 耳朵灼热感

眼睛相关的感觉

- 视觉敏感
- 眼睛疲劳
- 瞳孔扩张
- 瞳孔收缩
- 视野模糊
- 眼睛干涩
- 眼睛充满泪水
- 眨眼
- 眼花
- 对光敏感
- 视野狭窄

心理上的变化

- 恐惧感
- 厄运即将临头的感觉
- 不理性的恐惧
- 不断感到害怕
- 预感最坏的事情会发生
- 预测最坏的情况
- 消极的想法
- 反复的心理对话
- 情绪变化

- 易怒
- 感到困顿
- 害怕被困住
- 不知所措
- 害怕心脏病发作
- 害怕疾病严重
- 害怕过敏反应
- 害怕尴尬
- 害怕死亡
- 害怕失去控制
- 害怕晕倒
- 害怕在公共场合
- 害怕犯错误
- 害怕失去理智
- 害怕受伤
- 高度自我认知
- 感到自我意识
- 害怕独处
- 过分关注身体感觉
- 过分关注身体没有好转
- 思维混乱
- 反复想
- 反复回味
- 侵入性想法
- 看到可怕的画面
- 感到"疯狂"
- 感到与世界脱离
- 感到与现实脱节
- 感到不真实
- 人格解离
- 现实解离
- 解离
- 感觉脱离现实
- 感觉发怵
- 感到烦躁
- 感到沮丧
- 感到情绪不稳定
- 难以集中注意力

- 记忆困难
- 思维困难
- 解决问题的能力降低

行为

- 避免去某些地方
- 远离某些人
- 避免某些情境
- 寻找出口
- 靠近出口
- 不愿离开家
- 放弃开车
- 只待在"安全"的地方
- 退缩
- 用食物来安慰自己
- 不吃东西
- 选择性饮食
- 抽烟
- 饮酒/吸毒
- 坐立不安
- 撕死皮
- 拽头发
- 挠皮肤
- 习惯性行为
- 过度检查
- 监视
- 使用医疗设备进行身体检查
- 寻求安慰
- 过度研究

焦虑问题的类型

以下是基于《国际疾病分类》(*International Classification of Diseases*) 第10版 (ICD-10) 和《精神障碍的诊断与统计手册》(*Diagnostic and Statistical Manual of Mental Disorders*) 第5版 (DSM-5) 对不同类型焦虑问题展开的描述。此信息仅供一般性参考，不应用于诊断。如果你希望得知焦虑问题的正式诊断结果，请咨询医生。只有具有相应资质的医疗专业人员才能确认诊断结果。

具体的症状因人而异。与焦虑问题相关的身体症状类型的更多信息，请参阅前节"焦虑的常见症状和感觉"。

广泛性焦虑障碍 (GAD)

广泛性焦虑障碍 (GAD) 的特征是无法自控的担忧和焦虑。虽然正常水平的担忧通常持续时间较短，可能涉及问题解决方面，但患有广泛性焦虑障碍的人会对生活的方方面面过度和持续担忧。患有广泛性焦虑障碍的人可能会经历以下症状：

- 每天都有焦虑想法出现，持续至少6个月
- 同时出现许多不同的焦虑想法

- 出现与真实情况不对等的焦虑想法
- 受焦虑想法影响，无法以合理方式完成日常任务
- 持续想到"如果……会怎样"
- 难以控制或摆脱焦虑想法
- 经常无法解决焦虑想法方面的问题
- 认为担忧有益于提前计划事情或避免负面结果
- 避免特定情境或场景
- 难以容忍不确定性，厌恶冒险
- 不断地考虑所有可能出错的事情
- 对各种主题感到焦虑，包括：

——关心亲人

——担忧工作相关事项

——担忧学术工作相关事项

——担忧与表现相关的问题

——担忧准时问题

——害怕事情不会如愿

——担忧财务状况

——对自然灾害或世界事件的焦虑

——担忧环境问题

疾病焦虑障碍(IAD)

在《精神障碍的诊断与统计手册》第5版中,健康焦虑被正式称为疾病焦虑障碍(IAD)。除了特定的诊断标准,许多临床医生继续使用"健康焦虑"一词,因为这一疾病的严重性被广泛低估了。患有健康焦虑症的人会持续焦虑,担心自己的身体和精神健康,即使没有医学上的解释也是如此。这会影响他们的日常思想、情绪和行动。患有健康焦虑症的人可能会出现以下症状:

● 长期感受到与身心健康相关的焦虑和担忧

● 对疾病、慢性病和死亡相关的主题会产生可怕的想法和心理阴影

● 花费大量时间专注于健康、疾病、症状和身体感觉

● 寻求他人(包括医生)的安慰或保证,以减轻对健康的担忧

● 进行反复且不必要的医学测试

- 担心医生可能忽视了严重的病症
- 经常检查身体，并自我监测是否有任何征兆或症状
- 对身体感觉、感受、痕迹或肿块过度警觉
- 过分关注特定的身体部位
- 因为相信自己有一个未被发现和诊断的病症而避免参加某些活动
- 过度搜寻与疾病/症状相关的信息
- 避免与疾病/症状相关的事物，如电视节目、医学信息、医生、临床环境和谈话
- 在接触相关信息后身体出现与特定疾病/症状相关的迹象和感觉
- 想象令人痛苦的未来情景，如被诊断出患有严重疾病并思考它对亲人的影响
- 坚信除非对身体状态时刻警惕，否则可能会忽略严重病症的征兆
- 坚信身体出现了大问题，并试图压抑它，但会反复想到，令人痛苦

社交焦虑症

经历社交焦虑的人在与他人相处时会感到极度焦虑。他们常常担心自己会显得愚蠢、笨拙、尴尬，或者得到他人的负面评价。社交焦虑的人可能会出现以下症状：

- 完全避免或尽可能避免社交场合
- 对可能出现的尴尬情况感到过度担忧
- 在社交场合之前、期间和之后经历强烈的焦虑，以及进行事后分析
- 在进入社交场合之前、在社交场合期间，以及在后来分析发生了什么导致自己经历强烈的焦虑
- 相信别人会对自己评头论足、批评自己
- 过分关注别人是否在不断地观察和审视自己的行为
- 经历如此强烈的焦虑，以至于无法表达自己或参与互动
- 反复琢磨在社交场合可能发生的尴尬情景
- 在社交活动后分析和担心自己的举止，思考自

己在下一次社交活动后应该如何做出不同的举动

- 不喜欢与他人互动和结识新人
- 难以进入商店、咖啡馆、餐厅或其他公共场所
- 对在公共场合或在他人面前进食、喝水感到焦虑

惊恐症

惊恐症是一种焦虑症,其特征是突然而强烈的惊恐或恐惧发作。惊恐症发作是一种短暂但不可阻止的强烈恐惧情绪的爆发,伴随着显著的身体症状,似乎是在突然间发生的。惊恐症发作通常是因为当事人一直处于紧张状态和压力下。

惊恐症患者可能会出现以下症状:

- 反复发作或突然的惊恐症发作，伴随着对未来可能出现的惊恐症发作的持续担忧
- 一种急性和强烈的焦虑和恐惧状态，伴随着明显的身体症状，通常持续几分钟，有时会延续几个小时
- 强烈的忧虑、对坏事即将来临的厄运感，以及突然害怕失去控制或死亡的恐惧
- 担心无法自控
- 担忧可能会再次发生惊恐症发作
- 避免去先前惊恐症发作的地方，试图阻止其再次发作
- 不愿独自外出
- 不理性的想法

愉悦身心的100个活动创意

基于临床经验，我整理了一个全面的活动清单，我相信这些创意会激励你发现自己喜欢的活动。我也鼓励你表达自己的想法。在阅读以下建议时，请随意标记那些让你产生共鸣或引起兴趣的创意。你甚至可以从这些选项中进行选择，创建自己的迷你清单。通过创建一个个性化且方便使用的迷你清单，无论是纸质日记还是电子笔记，你都将拥有一个轻松获取的有趣活动参考。这将使你更容易在自己的空闲时间安排趣味活动。

如果你对其中任意一项活动有任何身体上的疑虑，请咨询你的医生，并在进行可能对你构成风险的活动时小心谨慎。

体育活动

1. 去户外
2. 跳绳
3. 在户外吹泡泡
4. 在户外拍球，可以独自进行，也可以和他人一起

5. 去健身房
6. 进行家庭锻炼
7. 在大自然中散步
8. 进行一些园艺活动
9. 找到或打造一个宁静的花园空间，进行放松和休憩
10. 室内或户外游泳
11. 尝试水中有氧运动
12. 加入一个运动队
13. 玩一个户外游戏
14. 打网球或羽毛球
15. 打高尔夫球
16. 玩飞盘
17. 去跑步
18. 骑自行车
19. 放风筝
20. 遛狗
21. 尝试参加团体健身或舞蹈课程
22. 尝试练习武术

23. 尝试水上运动，如皮划艇、帆船、划船或划桨板
24. 尝试攀岩或者短途攀爬
25. 尝试钓鱼
26. 尝试骑马
27. 尝试力量训练

放松活动

28. 进行深呼吸练习
29. 喝一杯热饮或软饮料
30. 读一本书
31. 小憩一会儿
32. 给自己按摩
33. 去水疗
34. 尝试精油按摩
35. 点上香薰蜡烛
36. 写下一本感恩日记，回顾一些积极的时刻
37. 进行正念练习
38. 尝试放松的瑜伽或太极
39. 在宁静的地方野餐
40. 倾听宁静的自然声音或器乐

41. 进行轻柔的伸展运动
42. 跟随引导进行冥想或放松的音频练习
43. 带上毯子和零食，享受一个舒适的电影之夜

创意活动

44. 绘画
45. 陶艺
46. 绘图
47. 书法
48. 制作个性化的贺卡或手工礼物
49. 尝试平面设计或数字艺术创作
50. 尝试缝纫、编织或钩织
51. 参加当地的艺术班
52. 尝试插花
53. 尝试木工或制作家具，打造独特的作品
54. 阅读或写诗
55. 尝试创意写作
56. 制作一个储存珍贵回忆的个性化剪贴簿
57. 开始写博客或在线日记，分享你的想法和经历
58. 学习弹奏一种新的乐器

59. 加入社区剧团
60. 摄影
61. DIY（自己动手做手工）
62. 进行整理或进行家居组织
63. 尝试一个新食谱或烘焙

社交和情感活动

64. 打一个电话，与老朋友或亲戚聊聊近况
65. 规划未来的外出、活动或你想做的事情
66. 给亲人写封信
67. 自愿参与对你有意义的事情
68. 加入读书俱乐部
69. 和朋友们度过一个愉快的夜晚
70. 规划你的周末
71. 和某人约个咖啡/茶会面
72. 策划一个家庭聚会
73. 参加当地社区活动
74. 尝试在家人/朋友/同事间举行一场酒吧智力竞赛、卡拉OK或游戏之夜
75. 回顾你的成就

76. 思考你未来的目标
77. 思考别人欣赏你的品质，或思考你欣赏的人的品质
78. 回顾你成功应对挑战的时刻
79. 尽可能长时间远离电子设备
80. 在家给自己完成一次面部护理，完成一整套护肤程序，修指甲
81. 通过列出你感激的事物来学会感恩

亲近大自然，在风景优美的地方可以做的一些活动

82. 参观艺术画廊
83. 参观博物馆
84. 前往海滩
85. 探索历史悠久的图书馆或遗址
86. 参观一个自然风光优美的地区
87. 参观一个观鸟点
88. 参观国家公园

89. 参观植物园

90. 前往水边，如海滨、湖边或河畔

91. 自驾欣赏美景

92. 坐上火车去旅行，欣赏美景

93. 在晚上观星

94. 在大自然中尝试寻宝游戏

休闲娱乐活动

95. 听有声读物或播客

96. 玩纸牌游戏或桌游

97. 加入一个游戏社区，一个人打游戏或与其他人一起游戏

98. 组装一个模型飞机、模型车辆或你喜欢的任何东西

99. 看一场话剧或音乐会

100. 观看一场体育比赛或喜剧表演，可以是现场或在家观看

参考书目

第一章

1. P31 *Additionally, people who desire control over their environment* ...

Stoeber, J., & Otto, K. (2006). Positive conceptions of perfectionism: Approaches, evidence, challenges. *Personality and Social Psychology Review*, 10(4), 295-319. Associated impairment in a large online sample. *Journal of Anxiety Disorders*, 72, 102219.

Wheaton, M. G., Deacon, B. J., McGrath, P. B., Berman, N. C., & Abramowitz, J. S. (2012). Dimensions of anxiety sensitivity in the anxiety disorders: Evaluation of the ASI-3. *Journal of Anxiety Disorders*, 26(3), 401-408.

2. P34 *Some of these have been documented in research studies* . . . Kessler, R. C., Berglund, P., Demler, O., Jin, R., Merikangas, K. R., & Walters, E. E. (2005). Lifetime prevalence and age-of-onset distributions of DSM-IV disorders in the National Comorbidity Survey Replication. *Archives of General Psychiatry*, 62(6), 593-602.

Dwyer, K., McCallum, J., & O'Sullivan, G. (2011). Posttraumatic stress disorder among ambulance personnel: exploring the relationship with depression, anxiety and job satisfaction. *Journal of Emergency Primary Health Care*, 9(1), 1-10.

Xue, C., Ge, Y., Tang, B., Liu, Y., Kang, P., Wang, M., . . . & Zhang, L. (2015). A meta-analysis of risk factors for combat-related PTSD among military personnel and veterans. *PloS one*, 10(3), e0120270.

Hsieh, Y. P., & Purnell, M. (2021). Occupational stress and anxiety among firefighters: The mediating role of resilience. *Journal of Loss and Trauma*, 26(1), 1-11.

Terrill, Z. R., Loflin, M. J., & Worthington, E. L. (2021). Police work and anxiety: A comprehensive review of the literature. *Traumatology*, 27(2), 115-125.

Tawfik, D. S., Scheid, A., Profit, J., Shanafelt, T., & Trockel, M. (2019). Evidence relating health care provider burnout and quality of care: a systematic review and meta-analysis. *Annals of Internal Medicine*, 171(8), 555-567.

第三章

3. P90 *The research supporting the exercises given here is truly astounding.*

Anderson, E. & Shivakumar, G. (2013). Effects of exercise and physical activity on anxiety. *Front Psychiatry*. 4:27.

Aylett, E., Small, N. & Bower, P. (2018). Exercise in the treatment of clinical anxiety in general practice–a systematic review and meta-analysis. *BMC Health Services Research*. Jul 16; 18(1):559.

Bartley, B., Hay, M. & Bloch, M. (2013). Meta-analysis: aerobic exercise for the treatment of anxiety disorders. *Progress in Neuro-Psychopharmacology & Biological Psychiatry*. 45:34-39.

Conn, V. S. (2010). Anxiety outcomes after physical activity interventions:meta-analysisfindings. *NursingResearch*. 59(3):224-231.

Long, B. C., Stavel R. (2008). Effects of exercise training on anxiety: a meta-analysis. *Journal of Applied Sport Psychology*. 7(2):167-189.

Manzoni, G. M., Pagnini, F., Castelnuovo, G. et al. (2008). Relaxation training for anxiety: a ten-year systematic review with meta-analysis. *BMC Psychiatry*. 8, 41.

Perciavalle, V., Blandini, M., Fecarotta, P., Buscemi, A., Di Corrado, D., Bertolo, L., Fichera, F. & Coco, M. (2017). The role of deep breathing on stress. *Neurological Sciences*. Mar;38(3):451-458.

Russo, M. A., Santarelli, D. M., O'Rourke, D. (2017). The physiological effects of slow breathing in the healthy human. *Breathe* (Sheffield). Dec;13(4):298-309.

Seid, A. A., Mohammed, A. A. & Hasen, A. A. (2023) Progressive muscle relaxation exercises in patients with COVID-19: Systematic review and meta-analysis. *Medicine*. (Baltimore).102(14):e33464.

Singh, B., Olds, T., Curtis, R., et al. (2023). Effectiveness of physical activity interventions for improving depression, anxiety and distress: an overview of systematic reviews *British Journal of Sports Medicine*.

Toussaint, L., Nguyen, Q. A., Roettger, C., Dixon, K., Offenbächer, M., Kohls, N., Hirsch, J. & Sirois, F. (2021). Effectiveness of Progressive Muscle Relaxation, Deep Breathing, and Guided Imagery in Promoting Psychological and Physiological States of Relaxation. *Evidence-Based Complementary and Alternative Medicine*. 5924040.

Wipfli, B. M., Rethorst, C. D. & Landers, D.M. (2008). The anxiolytic effects of exercise: a meta-analysis of randomized trials and dose–response analysis. *Journal of Sport & Exercise Psychology*. 30:392-410.

4.   P91 *Studies also show that optimal breathing* . . .

Dusek, J. A., Otu, H. H., Wohlhueter, A. L., Bhasin, M., Zerbini, L. F., Joseph, M. G., . . . & Libermann, T. A. (2008). Genomic counter-stress changes induced by the relaxation response. *PLoS One*, 3(7), e2576.

Gupta, A., & Epstein, N. B. (2018). Effects of relaxation training on trait anxiety: A meta-analysis. *Journal of Clinical Psychology*, 74(3), 327-342.

Khoury, B., Sharma, M., Rush, S. E., & Fournier, C. (2015). Mindfulness-based stress reduction for healthy individuals: A meta-analysis. *Journal of Psychosomatic Research*, 78(6), 519-528.

Khoury, B., Lecomte, T., Fortin, G., Masse, M., Therien, P., Bouchard, V., Chapleau, M. A., Paquin, K., & Hofmann, S. G. (2013). Mindfulness-based therapy: A comprehensive meta-analysis. *Clinical Psychology Review*, 33(6), 763-771.

Perciavalle, V., Blandini, M., Fecarotta, P., Buscemi, A., Di Corrado, D., Bertolo, L., . . . & Coco, M. (2017). The role of deep breathing on stress. *Neurological Sciences*, 38(3), 451-458.

Lee, Y., Lee, S. H., & Kim, J. H. (2018). Efficacy of diaphragmatic breathing training on physiological and psychological variables in patients with generalized anxiety disorder. *Journal of Psychiatric Research*, 105, 68-72.Russo, M. A., Santarelli, D. M., & O'Rourke, D. (2017). The physiological effects of slow breathing in the healthy human. *Breathe*, 13(4), 298-309.

Toussaint, L., Nguyen, Q. A., Roettger, C., Dixon, K., Offenbächer, M., Kohls, N., . . . & Sirois, F. (2020). Effectiveness of Progressive Muscle Relaxation, Deep Breathing, and Guided Imagery in Promoting Psychological and Physiological States of Relaxation. *Explore*, 16(6), 377-384.

5. P162 *Anxiety places a significant cognitive burden on its sufferers* . . .

Nadeem, F., Malik, N. I., Atta, M., Ullah, I., Martinotti, G., & Pettorruso, M. (2021). Relationship between health-anxiety and cyberchondria: Role of metacognitive beliefs. *Journal of Affective Disorders*, 284, 32-38.

Risen, J. L., & Gilovich, T. (2007). Magical thinking in predictions of negative events: Evidence for tempting fate but not for a protection effect. *Journal of Personality and Social Psychology*, 92(4), 745–758.

Slovic, P., & Lichtenstein, S. (1968). Anxiety, Cognitive Availability, and the Talisman Effect of Insurance. *Journal of Risk and Insurance*, 35(2), 215-236.

第五章

6. P175 *There is substantial research evidence* . . . Berggren, N., & Derakshan, N. (2013). Attentional control deficits in trait anxiety: Why you see them and why you don't. *Biological Psychology*, 92(3), 440-446.

Carlbring, P., Apelstrand, M., Sehlin, H., Amir, N., Rousseau, A., Hofmann, S. G., & Andersson, G. (2019). Internet-delivered attention bias modification training in individuals with social anxiety disorder–a double blind randomized controlled trial. *Cognitive Behaviour Therapy*, 48(6), 441-455.

Fox, E. (1993). Attentional bias in anxiety: A defective inhibition hypothesis. *Cognition & Emotion*, 7(2), 107-140.

Hakamata, Y., Lissek, S., Bar-Haim, Y., Britton, J. C., Fox, N. A., Leibenluft, E., & Pine, D. S. (2010). Attention bias modification treatment: a meta-analysis toward the establishment of novel treatment for anxiety. *Biological Psychiatry*, 68(11), 982-990.

Johnstone, K. A., & Page, A. C. (2004). Attention to phobic stimuli during exposure: the effect of distraction on anxiety reduction, self-efficacy and perceived control. *Behaviour Research and Therapy*, 42(3), 249-275.

Kuckertz, J. M., Amir, N., & Boffa, J. W. (2020). The nature, detection, and reduction of attentional bias in anxiety: A review and future directions. *Behavior Therapy*, 51(5), 633-649.

Wells, T. T., & Beevers, C. G. (2019). Attention bias modification for anxiety: Current status and future directions. *Current Opinion in Psychology*, 28, 27-32.

Wells, A., & Papageorgiou, C. (1998). Social phobia: Effects of external attention on anxiety, negative beliefs, and perspective taking. *Behavior Therapy*, 29(3), 357-370.

Hakamata, Y., Lissek, S., Bar-Haim, Y., Britton, J. C., Fox, N. A., Leibenluft, E., Ernst, M.& Pine, D. S. (2010). Attention bias modification treatment: a meta-analysis toward the establishment of novel treatment for anxiety. *Biological Psychiatry*, 1;68(11):982-90.

7. P190 *Studies suggest that exposure to natural* . . .

Beyer, K. M., Kaltenbach, A., Szabo, A., Bogar, S., Nieto, F. J., & Malecki, K. M. (2014). Exposure to neighborhood green space and mental health: evidence from the survey of the health of Wisconsin. *International Journal of Environmental Research and Public Health*, 11(3), 3453-3472.

Bratman, G. N., Hamilton, J. P., Hahn, K. S., Daily, G. C., & Gross, J. J. (2015). Nature experience reduces rumination and subgenual prefrontal cortex activation. *Proceedings of the National Academy of Sciences*, 112(28), 8567-8572.

Bratman, G. N., Hamilton, J. P., & Daily, G. C. (2012). The impacts of nature experience on human cognitive function and mental health. *Annals of the New York Academy of Sciences*, 1249(1), 118-136.

Gascon, M., Triguero-Mas, M., Martínez, D., Dadvand, P., Forns, J., Plasència, A., & Nieuwenhuijsen, M. J. (2015). Mental health benefits of long-term exposure to residential green and blue spaces: A systematic review. *International Journal of Environmental Research and Public Health*, 12(4), 4354-4379.

Tyrväinen, L., Ojala, A., Korpela, K., Lanki, T., Tsunetsugu, Y., & Kagawa, T. (2014). The influence of urban green environments on stress relief measures: A field experiment. *Journal of Environmental Psychology*, 38, 1-9.

第六章

8. P198 *The clinical research supporting this is enormous* . . . Aldao, A., Nolen-Hoeksema, S., & Schweizer, S. (2010). Emotion- regulation strategies across psychopathology: A meta-analytic review. *Clinical Psychology Review*, 30(2), 217-237.

Gross, J. J. (2002). Emotion regulation: Affective, cognitive, and social consequences. *Psychophysiology*, 39(3), 281-291.

Linehan, M. M. (2014). *DBT Skills Training Manual*. Guilford Press.

Mennin, D. S., & Fresco, D. M. (2013). Emotion regulation therapy. In J. J. Gross (Ed.), *Handbook of Emotion Regulation* (2nd ed., pp. 469-490). Guilford Press.

Marshall, E. C., Zvolensky, M. J., Vujanovic, A. A., Gregor, K., & Gibson, L. E. (2012). Anxiety sensitivity and distress tolerance: joint predictors of anxious arousal and withdrawal-related symptoms. *Journal of Anxiety Disorders*, 26(4), 687-695.

9. P218 *Self-soothing is a particularly helpful* . . .

Dreisoerner, A., Junker, N. M., Schlotz, W., Heimrich, J., Bloemeke,

S., Ditzen, B. & van Dick, R. (2021). Self-soothing touch and being hugged reduce cortisol responses to stress: A randomized controlled trial on stress, physical touch, and social identity. *Comprehensive Psychoneuroendocrinology*, 8;8:100091.

Kabat-Zinn, J. (2013). *Full Catastrophe Living, Revised Edition: How to cope with stress, pain and illness using mindfulness meditation*. Bantam Books.

Kline, A. C., Cooper, A. A., Rytwinski, N. K., & Feeny, N. C. (2018). Combining emotion regulation strategies to optimize treatment outcome in adults with anxiety disorders. *Clinical Psychology Review*, 63, 23-45.

Kim, S. H., & Hamann, S. (2007). Neural correlates of positive and negative emotion regulation. *Journal of Cognitive Neuroscience*, 19(5), 776-798.

Knoll, N., Schwarzer, R., Pfüller, B., & Kienle, R. (2008). Self-soothing and health-related outcomes: A meta-analysis. *Applied Psychology: Health and Well-Being*, 1(2), 215-235.

Uvnäs-Moberg, K., Handlin, L. & Petersson, M. (2015). Self- soothing behaviors with particular reference to oxytocin release induced by non-noxious sensory stimulation. *Frontiers in Psychology*, 12;5:1529.

第七章

10. P227 *As early as* 1998 . . . Dugas, M. J., Gagnon, F., Ladouceur, R. & Freeston, M.H. (1998).

Generalized anxiety disorder: a preliminary test of a conceptual model. *Behaviour Research and Therapy*, 36(2):215-26.

11. P227 *Subsequent research, including a study in* 2001 . . . Dugas, M.J., Gosselin, P., & Ladouceur, R. Intolerance of Uncertainty and Worry: Investigating Specificity in a Nonclinical Sample. *Cognitive Therapy and Research*, 25, 551–558 (2001).

第九章

12. P308 *The impact of exposure to traumatic events* . . . Hovens, J. G. F. M., et al. (2012). Impact of childhood life events and trauma on the course of depressive and anxiety disorders. *Acta Psychiatrica Scandinavica* 126, 198–207.

Hovens, J. G. F. M., Wiersma, J. E., Giltay, E. J., Van Oppen, P., Spinhoven, P., Penninx, B. W. J. H., & Zitman, F. G. (2010). Childhood life events and childhood trauma in adult patients with depressive, anxiety and comorbid disorders vs. controls. *Acta Psychiatrica Scandinavica*, 122(1), 66–74.

Lochner, C., Seedat, S., Allgulander, C., Kidd, M., Stein, D. & Gerdner, A. (2010). Childhood trauma in adults with social anxiety disorder and panic disorder: a cross-national study. *African Journal of Psychiatry*, 13(5):376-81.

13. P308 *Research indicates that adverse childhood environments* . . .

Glaser, J. P., van Os, J., Portegijs, P. J., & Myin-Germeys, I. (2006). Childhood trauma and emotional reactivity to daily life stress in adult frequent attenders of general practitioners. *Journal of Psychosomatic Research*. 61(2):229-36.

Goldin, P. R., Manber, T., Hakimi, S., Canli, T., & Gross, J. J. (2009). Neural bases of social anxiety disorder: Emotional reactivity and cognitive regulation during social and physical threat. *Archives of General Psychiatry*. 66(2):170-80.

14. P309 *While further research is needed to fully* . . .

Nelson, C. A., Scott, R. D., Bhutta, Z. A., Harris , N. B., Danese, A., & Samara, M. (2020). Adversity in childhood is linked to mental and physical health throughout life. *BMJ*. 28; 371:m3048.

Smith, K. E., & Pollak, S. D. (2020). Early life stress and development: potential mechanisms for adverse outcomes. *Journal of Clinical Child & Adolescent Psychology*, 49(2), 284-296.

支持性组织

在这一页，你将找到一份可以为你提供帮助和支持的组织清单，如果你曾经历过创伤或有困难的童年经历，不论你目前是否仍在经历这些问题，还是曾经历过，这些支持性组织都会为你提供帮助。他们致力于帮助人们应对这些经历所带来的挑战。它们能够提供广泛的资源和支持，以帮助你在康复的道路上前行。请记住，寻求帮助永远不会太迟，寻求支持也毫不丢脸。

ASSIST创伤护理 (ASSIST Trauma Care)

为那些经历过创伤或正在支持受害者的人提供专业帮助和信息。

出生创伤协会 (Birth Trauma Association)

为受到分娩创伤影响的人提供支持。

战后心理压力协会 (Combat Stress)

为有心理健康问题的退伍军人提供支持和帮助。

灾难行动（Disaster Action）

为在英国和国外受到重大灾难影响的人提供支持和信息。

摆脱酷刑自由组织（Freedom from Torture）

为酷刑幸存者提供支持。

MIND心理健康协会

为那些受心理健康问题困扰的人提供帮助、信息和建议。

成年幼年受虐者全国协会（NAPAC, The National Association for People Abused in Childhood）

为幼年时期遭受过虐待的成人提供支持，无论其经历了何种形式的幼年虐待。

创伤后应激障碍解决方案 (PTSD Resolution)

为受创伤影响的退伍军人及其家人提供帮助与支持。

创伤后应激障碍（英国）(PTSD UK)

提供关于创伤的信息，包括有效的治疗方法、自我帮助材料，以及如何支持患有创伤后应激障碍的人的信息。

幸存者支持 (Support for Survivors)

为幼年成年虐待幸存者提供支持。

四分之一机构 (One in Four)

为在幼年时经历过创伤、家庭暴力或性虐待的成年人提供倡导服务、心理咨询，以及更多资源。

致谢

我要由衷地感谢所有在创作这本书时起到关键作用的人。我要向你们中的每一位表示感谢。

对于我的患者，我感激你们对我的信任，也感谢你们赋予我的经验。能够参与你们的康复过程，是我莫大的荣幸。

我由衷地感激我的家人，感谢他们一如既往地支持。

我深深地感激我的母亲，她向我展示了什么是韧性，以及人类精神在克服逆境后茁壮成长的非凡能力。

图书在版编目（CIP）数据

10倍的平静 /（英）奇伦·施纳克著；龙东丽译. -- 北京：中央编译出版社，2025. 6. -- ISBN 978-7-5117-4951-2

Ⅰ．B842.6-49

中国国家版本馆CIP数据核字第2025GG6522号

First published 2023 by Bluebird, an imprint of Pan Macmillan, a division of Macmillan Publishers International Limited.

版权登记号：图字号：01-2025-1523

10倍的平静
SHIBEI DE PINGJING

总 策 划	李　娟
责任编辑	张　科
执行策划	邓佩佩
装帧设计	潘振宇
责任印制	李　颖
出版发行	中央编译出版社
地　　址	北京市海淀区北四环西路69号（100080）
电　　话	（010）55627391（总编室）　（010）55627362（编辑室） （010）55627320（发行部）　（010）55627377（新技术部）
经　　销	全国新华书店
印　　刷	北京盛通印刷股份有限公司
开　　本	787毫米×1092毫米　1/32
字　　数	244千字
印　　张	16.75
版　　次	2025年6月第1版
印　　次	2025年6月第1次印刷
定　　价	69.00元
新浪微博	@中央编译出版社　　微　信：中央编译出版社（ID：cctphome）
淘宝店铺	中央编译出版社直销店（http://shop108367160.taobao.com）（010）55627331

本社常年法律顾问：北京市吴栾赵阎律师事务所律师　闫军　梁勤
凡有印装质量问题，本社负责调换，电话：（010）55626985

人啊，认识你自己！